电路实验技术

徐 红　郑兆兆　编著

中国农业科学技术出版社

内 容 简 介

本书主要内容为直流电路测量、动态电路测量、三相电路测量、交流参数测定、非正弦周期电路测量、双口网络参数测定、计算机辅助分析等。

在内容安排上的特点是：1、增加了每个实验的任务；2、拓宽实验内容的范围；3、将计算机辅助分析引入实验中，使全书更加合理、科学。

版权专有　侵权必究

图书在版编目（CIP）数据

电路实验技术/徐红，郑兆兆编著.—北京：中国农业科学技术出版社，2010.7

ISBN 978-7-5116-0223-7

Ⅰ. ①电… Ⅱ. ①徐…②郑… Ⅲ. ①电路-实验 Ⅳ. ①TM13-33

中国版本图书馆 CIP 数据核字（2010）第 125588 号

出版发行	中国农业科学技术出版社
出 版 者	中国农业科学技术出版社
	北京市中关村南大街 12 号　邮编：100081
电　　话	（010）82109704（发行部）（010）82106626（编辑室）
	（010）82109703（读者服务部）
传　　真	（010）82106624
网　　址	http://www.castp.cn
经 销 者	新华书店北京发行所
印 刷 者	河北省昌黎县第一印刷厂
开　　本	787 mm×1 092 mm　1/16
印　　张	7.75
字　　数	156 千字
版　　次	2010 年 7 月第 1 版　2010 年 7 月第 1 次印刷
定　　价	16.00 元

版权所有·翻印必究

前　言

《电路实验技术》一书，是为配合高校本科电类专业电路和电路原理等课程的实践教学而编写的。由于教育理念的提升，人才质量观念的转变，教学方法与手段的改革，高等教育要求培养有坚实的理论基础，有严格的工程技术训练，能够理论联系实际，具有解决工程实际问题能力的人才，因而对实践类教材也提出了新的要求。本书正是针对电路及电工相关实验课程编写的。

本书将电工测量和常用电工仪器仪表的知识与实验紧密结合，本着由浅入深、循序渐进的原则，实验设置由简单到复杂，旨在提高学生的综合素质，着力于实践能力的培养。从培养工程素质的人才为出发点，培育学生理论联系实际的能力，锻炼学生的动手能力、分析问题和解决问题的能力。

本书第1章、第2章、第4章由郑兆兆编写，第3章由徐红和郑兆兆合编，实验一至实验十和附录由徐红编写。全书由徐红统稿。

限于编者的水平和经验，本书的编审、出版还可能存在不少缺点和不足，希望使用本书的教师、学生和其他广大读者积极提出批评和建议，以不断提高本书的编写、出版质量，共同为电路实验教材建设服务。

编者
2010. 6

实 验 守 则

实验时应保证人身安全、设备安全，爱护国家财产，培养科学作风。为此，应遵守下列守则：

(1) 严守纪律，按时开始实验。做完实验得到教师许可后再离开实验室。
(2) 接通电源前必须请教师检查电路。
(3) 严禁带电拆线、接线。
(4) 非本次实验用的设备，未经教师许可不得动用。
(5) 发生事故要保持镇定，迅速切断电源，并向教师报告。
(6) 若自己增加实验内容，须事先征得教师同意。
(7) 保持实验室清洁、安静，实验室内不得吸烟、喧哗。
(8) 实验如未通过，必须补做。
(9) 实验课前要认真预习实验指导书，做好必要的准备工作，实验结束后及时填写实验报告。

目 录

第 1 章 电工测量的基本知识

1.1 仪表的误差与准确度 …………………………………………………………… 1
    1.1.1 仪表误差的分类 ………………………………………………………… 1
    1.1.2 误差的几种表示形式 …………………………………………………… 1
    1.1.3 仪表的准确度 …………………………………………………………… 2
1.2 测量误差及误差分析 ………………………………………………………… 3
    1.2.1 测量误差的分类 ………………………………………………………… 3
    1.2.2 系统误差及处理 ………………………………………………………… 4
    1.2.3 随机误差和处理 ………………………………………………………… 5
    1.2.4 疏失误差和处理 ………………………………………………………… 6
1.3 实验数据处理 ………………………………………………………………… 6
    1.3.1 测量中仪表数据的读取 ………………………………………………… 6
    1.3.2 有效数字的表示方法和运算 …………………………………………… 7
    1.3.3 实验数据的处理方法 …………………………………………………… 8
1.4 电工实验方案的拟定和实施 ………………………………………………… 9
    1.4.1 实验的实施 ……………………………………………………………… 9
    1.4.2 自行拟定实验方案 ……………………………………………………… 11
    1.4.3 实验故障的排除 ………………………………………………………… 12

第 2 章 电工仪表的基本知识

2.1 常用电工仪表的分类 ………………………………………………………… 13
    2.1.1 指针式仪表 ……………………………………………………………… 13
    2.1.2 数字式仪表 ……………………………………………………………… 15
    2.1.3 较量式仪表 ……………………………………………………………… 15
2.2 指针式仪表 …………………………………………………………………… 15
    2.2.1 指针式仪表的组成 ……………………………………………………… 15
    2.2.2 电工仪表的型号 ………………………………………………………… 16
    2.2.3 指针式仪表的结构及工作原理 ………………………………………… 17

2.2.4 指针式仪表表盘上常用的符号及意义 …………………………………… 19
 2.3 仪表的合理选择与正确使用 ………………………………………………………… 21
  2.3.1 仪表的合理选择 ……………………………………………………………… 21
  2.3.2 仪表的正确使用 ……………………………………………………………… 22

第 3 章 常用电工仪器仪表及实验装置

 3.1 电流表 ………………………………………………………………………………… 24
  3.1.1 电流表工作原理 ……………………………………………………………… 24
  3.1.2 电流表读数 …………………………………………………………………… 24
  3.1.3 电流表的使用规则 …………………………………………………………… 25
 3.2 电压表 ………………………………………………………………………………… 25
  3.2.1 电压表的原理 ………………………………………………………………… 25
  3.2.2 电压表的分类 ………………………………………………………………… 26
 3.3 数字万用表 …………………………………………………………………………… 27
  3.3.1 基本功能 ……………………………………………………………………… 28
  3.3.2 技术指标 ……………………………………………………………………… 28
  3.3.3 使用方法 ……………………………………………………………………… 30
 3.4 功率表 ………………………………………………………………………………… 34
  3.4.1 功率表的使用 ………………………………………………………………… 34
  3.4.2 使用功率表应注意事项 ……………………………………………………… 35
 3.5 双路直流稳压电源 YB1713 ………………………………………………………… 36
  3.5.1 面板控制件作用说明 ………………………………………………………… 36
  3.5.2 基本操作方法 ………………………………………………………………… 38
 3.6 通用示波器 DC4322B ……………………………………………………………… 39
  3.6.1 DC4322B 的技术性能 ……………………………………………………… 39
  3.6.2 DC4322B 示波器面板说明 ………………………………………………… 41
  3.6.3 示波器使用方法 ……………………………………………………………… 44
 3.7 调压器 ………………………………………………………………………………… 47
  3.7.1 调压器型号及含义 …………………………………………………………… 50
  3.7.2 调压器的调压范围 …………………………………………………………… 50
  3.7.3 调压器使用方法 ……………………………………………………………… 51
 3.8 DGJ-3 电工技术实验装置 …………………………………………………………… 51
  3.8.1 实验屏操作、使用说明 ……………………………………………………… 51
  3.8.2 实验组件挂箱 ………………………………………………………………… 53

第4章 电路元件基础知识

- 4.1 电阻器 ……………………………………………………………… 55
  - 4.1.1 电阻器的分类 …………………………………………………… 55
  - 4.1.2 电阻器的型号命名方法 ………………………………………… 57
  - 4.1.3 电阻器的主要特性参数 ………………………………………… 57
  - 4.1.4 电阻器阻值标示方法 …………………………………………… 58
  - 4.1.5 电阻器的正确选用及测量 ……………………………………… 60
- 4.2 电容器 ……………………………………………………………… 61
  - 4.2.1 电容器的型号命名方法 ………………………………………… 63
  - 4.2.2 电容器的分类 …………………………………………………… 63
  - 4.2.3 电容器主要特性参数 …………………………………………… 64
  - 4.2.4 电容器的标示方法 ……………………………………………… 65
  - 4.2.5 电容器的选用及测量 …………………………………………… 66
- 4.3 电感器 ……………………………………………………………… 66
  - 4.3.1 电感器的型号命名方法 ………………………………………… 67
  - 4.3.2 电感器的种类 …………………………………………………… 67
  - 4.3.3 电感器的主要参数 ……………………………………………… 68
  - 4.3.4 电感器的标示方法 ……………………………………………… 69
  - 4.3.5 电感的测量及好坏判断 ………………………………………… 69
- 4.4 二极管 ……………………………………………………………… 70
  - 4.4.1 二极管型号命名方法 …………………………………………… 70
  - 4.4.2 二极管的工作原理 ……………………………………………… 71
  - 4.4.3 二极管的特性与应用 …………………………………………… 71
  - 4.4.4 二极管的类型 …………………………………………………… 72
  - 4.4.5 二极管的主要参数 ……………………………………………… 73
  - 4.4.6 二极管的识别 …………………………………………………… 73

第5章 电路基础实验

- 实验一 直流电路测量 ………………………………………………… 75
- 实验二 基尔霍夫定律 ………………………………………………… 78
- 实验三 叠加原理的验证 ……………………………………………… 80
- 实验四 戴维南定理 …………………………………………………… 82
- 实验五 一阶RC电路的响应 …………………………………………… 85
- 实验六 受控源特性 …………………………………………………… 88

实验七　交流参数测定 ··· 93
实验八　三相电路 ··· 96
实验九　互感电路的测量 ··· 99
实验十　功率因数的提高 ··· 103

附录　对电作出突出贡献的科学家 ·· 106
参考文献 ·· 115

第1章 电工测量的基本知识

我们在实验过程中,任何形式的测量都希望获得被测量的真实数值,真实数值将简称为"真值"。不过,所有的仪器仪表在实验过程中都不能实现绝对理想的测量,因而测出的数据并不是被测量的真值,而是近似值。仪表的误差是指仪表在测试中的指示值与被测量真值之间的差异。误差越小,仪表的测量值就越准确。

1.1 仪表的误差与准确度

1.1.1 仪表误差的分类

根据误差产生的原因,我们把它可分为两类。

(1) 基本误差

是指仪表在规定的正常工作条件下(即规定的环境温度、放置位置、频率和波形以及不存在外界电场或磁场的影响等)使用时,由于结构和制造工艺上的不完善而产生的仪表本身所固有的误差。例如,摩擦误差、倾斜误差、刻度误差等均属于基本误差范畴。

(2) 附加误差

是指仪表在非正常工作条件下(指环境温度改变、使用方式错误、有外磁场或外电场干扰等)使用时所产生的额外误差。

1.1.2 误差的几种表示形式

1. 绝对误差

指仪表的指示值 A_x 与被测量真值 A_0 之间的差值,用符号 Δ 表示。即

$$\Delta = A_x - A_0$$

例题 1.1

用甲、乙两只电压表测负载电压,其读数分别为 202V 和 199V,而用标准表测量时其读数为 200V,求甲、乙两表的绝对误差。

解 由绝对误差的定义得

甲表的绝对误差 $\Delta_1 = A_{x1} - A_0 = 202 - 200 = +2V$

乙表的绝对误差 $\Delta_2 = A_{x2} - A_0 = 199 - 200 = -1V$

计算结果表明,绝对误差的单位与被测量的单位相同,符号有正负之分。

2. 相对误差

相对误差是指仪表的绝对误差与被测量的真值 A_0 之比的百分数，用符号 γ 表示。

即
$$\gamma = \frac{\Delta}{A_0} \times 100\%$$

例题 1.2

有甲、乙两只电压表，用甲表测量 200V 电压时，绝对误差 $\Delta_1 = +2\text{V}$；用乙表测量 10V 电压时，绝对误差 $\Delta_2 = +0.5\text{V}$，判断哪知表的测量精度更高？并计算仪表的相对误差。

解 从绝对误差看，显然 $\Delta_1 > \Delta_2$，但绝不等于甲表的测量精度比乙表低。

绝对误差能直观地反映仪表基本误差的大小，但不能反映仪表基本误差对测量结果究竟有多大的影响，也就是说，绝对误差反映不出仪表的基本误差在测量中占了多大的比例。这个问题不解决，测量不同大小的被测量时，就无法判断测量精度的高低。

甲表的相对误差

$$\gamma_1 = \frac{\Delta_1}{A_{01}} \times 100\% = \frac{+2}{200} \times 100\% = +1\%$$

乙表的相对误差

$$\gamma_2 = \frac{\Delta_2}{A_{02}} \times 100\% = \frac{+0.5}{10} \times 100\% = +5\%$$

结果表明 $\gamma_2 > \gamma_1$。可见，第一只表虽然绝对误差较大，但对测量结果的影响却小，即相对误差小。

1.1.3 仪表的准确度

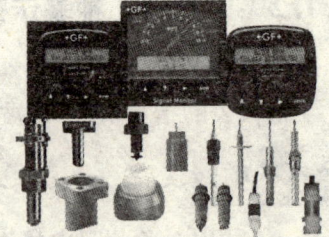

仪表的准确度是用仪表的最大引用误差表示的，因为考虑到仪表各刻度位置上的绝对误差有一些小差别，为了能用引用误差概括仪表的基本误差全貌，就用最大绝对误差 Δ_m 与测量上限值 A_m 的百分比来表示仪表的准确度。即

$$\pm K\% = \frac{\Delta_m}{A_m} \times 100\%$$

式中，K——仪表的准确度等级，它的百分数即表示仪表在正常的使用条件下最大引用误差的数值。仪表准确度越高，则最大引用误差越小，基本误差也就越小。

根据 GB 776-76《电气测量指示仪表通用技术条件》规定，电工指示仪表准确度等级分为七级，见表 1-1。

表1-1 仪表的基本误差

准确度等级	0.1	0.2	0.5	1.0	1.5	2.5	5.0
基本误差/%	±0.1	±0.2	±0.5	±1.0	±1.5	±2.5	±5.0

但是，并不是仪表的"准确度越高越好"，仪表的准确度高，一般来说误差是小的，但仪表的量程大了会增大误差。这好比秤重量较轻的物体要用小秤或天平，而不能用大秤来称一样，否则可能无法称或称不准。因而选用仪表不仅要考虑仪表的准确度，还要选择合适的量程。为了保证测量结果的准确度，仪表的量程要尽量接近被测量，通常被测量应大于仪表量程的1/2。

1.2 测量误差及误差分析

1.2.1 测量误差的分类

测量误差的分类方法较多，一般有从误差的来源来分类和误差的性质来分类这两种方法。两种分类方法互相交叉。

1. 按来源分类的常见测量误差

（1）工具误差　工具误差是测量中的主要误差，它取决于制造工艺及所使用的材料。它包括了在正常工作条件下仪表的固有误差及工艺结构误差等造成的读数误差和由于元器件、材料逐步随时间老化导致出现的稳定性误差；在动态测量中由于尚未达到稳定而读取数据从而产生的动态误差等。工具误差中以准确度为衡量指标的仪表基本误差是给定的。

（2）使用误差　使用误差也称为操作误差，测量过程中因操作不当或未按正常要求放置而引起的使用误差。

（3）人身误差　人身误差是由个人习惯和生理条件对实验所造成的偏差。

（4）环境误差　环境误差是指外界环境（如温度、湿度、放射性和机械振动等）的影响而引起的误差。

（5）方法误差　方法误差有时也称为理论误差，它是指测量所依照的理论公式与实际情况之间的近似程度，或由于测量方法、测量电路不合理所带来的误差。

2. 按性质分类的常见测量误差

（1）系统误差　系统误差又称为规则误差。这种误差在测量过程中保持恒定或按一定规律变化，它包括工具误差、使用误差、环境误差、人身误差及方法误差等，其中最主要的是工具误差和方法误差。

(2) 随机误差　随机误差又称为偶然误差。由于一些偶发性因素所引起的误差，其误差的数值和符号均不确定。但这种误差符合统计规律（正态分布规律）。

(3) 疏失误差　疏失误差也称为粗大误差。由于测量者对仪表性能不了解、使用不当或测量时粗心大意造成的误差，如操作时仪表没调零、数据读错或记错数据等。

1.2.2　系统误差及处理

系统误差将直接影响测量结果的准确性。一般来说系统误差不可能消除，但可以尽量减小，通常从以下两个方面考虑。

1. 从仪表方面考虑

(1) 引入更正值　测量准确度要求较高时，可以事先在仪表标尺的主要分度线上引入更正值或参考仪表校验的更正曲线。

(2) 考虑工作环境　尽量使工作环境符合仪表的使用要求，减少因工作环境差异带来的附加误差。

(3) 合理选择量程　选择量程与测量量相近的仪表，并尽可能使仪表读数接近满偏位置。

(4) 注意仪表内阻　当使用电压表测量电路时，并接入测量电路的电压表内阻应远大于负载电阻；当使用电流表测量电流时，串接于测量电路中的电流表内阻应远小于负载电阻。

2. 从测量方面考虑

(1) 选择比较完善的测量方法　根据测量对象选择比较完善的测量方法，在直接测量电流、电压时要考虑仪表阻抗对测量对象的影响；间接测量时力求避免用减法取得最终测量结果，当一定要用减法时，测量中力求避免两个接近的量进行相减运算。

> **例如**
>
> 在测量指针式仪表的内阻时，可利用"替代法"有效地减小系统误差，如图1-1所示，g_x是待测仪表；R是限流电阻；G是指零仪表。指零仪表是一块高灵敏度的检流计，与其他仪表不同之处是它的零位在刻度盘的中间。
>
> 为测量待测仪表g_x的内阻，先将开关S接到"1"上，调节RP，使待测仪表的指针偏转到某一刻度（一般是满刻度），同时记下指零仪表的刻度；再将开关S转接到"2"上，调节电阻箱R_x，使指零仪表仍偏转到记下的刻度，这时读出可调电阻箱R_x的数值即是待测仪表的内阻。

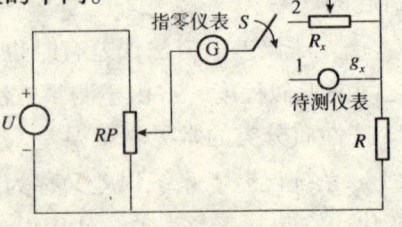

图1-1　用替代法测量仪表内阻

> "替代法"不要求指零仪表的准确度很高,但测量时读数的有效数字要尽量多,用一个与被测量相同的可调节的标准量代替被测量,所有测量条件均不变,仅靠变化标准量使仪表读数仍维持或恢复到第一次测量时的读数。此时标准量的读数就是被测量的实际值。

(2) 用误差相消法 系统误差对测量装置有影响时,可在不同的实验条件下进行两次测量,取其平均值减小误差,同时,也可因此消除某些直流仪器接头的热电动势的影响。

1.2.3 随机误差和处理

随机误差是指在相同条件下对同一量进行多次测量中出现的误差,其绝对值的大小和符号变化均无确定规律,也不可预计,但具有抵偿性的误差。

随机误差只是在进行精密测量时才能发现它,在一般测量中由于仪器仪表读数装置的精度不够,则其随机误差往往被系统误差湮没不易被发现。因此,在精密测量中首先应检查和减小系统误差,然后再来做消除和减小随机误差的工作。由于随机误差是符合概率统计规律的,故可以对它作如下处理。

(1) 采用算术平均值计算 因为随机误差数值时大时小、时正时负,采用多次测量求算术平均值可以有效地相互抵消误差。若把测量次数 n 增加到足够多(理论上为无限多次),则算术平均值 $\overline{X}$ 就近似地等于欲求结果。即

$$\overline{X} = \frac{1}{n}\sum_{i=1}^{n} X_i$$

式中,X_i 是某次测量值。

上述算术平均值随测量次数增多而偏离真值越小。但在实际工作中,要维持长时间同一测量条件是有困难的,故常取 n 在 50 次以内,许多情况取 20 次已足够了。

(2) 采用方根误差或标准差来计算 每次测量值与算术平均值之差称为偏差。用偏差的平均数来表示偶然误差是一种办法,正负偏差的代数和在测量次数增加时趋向于零,为了避开偏差的正负符号,可将每次偏差平方后再将它们相加再除以测量次数后减 1 得到平均偏差平方和,最后再开方得到所谓方根误差或离散度,用 σ 表示,即

$$\sigma = \pm \sqrt{\frac{1}{n-1}\sum_{i=1}^{n}(X_i - \overline{X})^2}$$

式中,σ 是反映这组数据中偏差之间差异大小的一个统计数字。上式称为贝塞尔公式。为了估计测量结果的精密度,在误差理论中常采用标准差,用 σ_s 表示,即

$$\sigma_s = \pm \frac{\sigma}{\sqrt{n}}$$

上式表明,测量次数 n 越多测量精密度越高。但 σ_s 与 n 的方根成反比,因此精密度提

高随 n 增加而减慢。通常 n 取 20 已足够了。随机误差超过 3σ 仅占 1% 以下，而小于 3σ 的机会占 99% 以上。对于标准偏差 σ_s 也是如此，最大随机值不易超过 $3\sigma_s$。可以将测量结果考虑随机误差后写为

$$X = \bar{X} + 3\sigma_s$$

1.2.4 疏失误差和处理

疏失误差主要是由于测量者对仪表性能不熟悉及粗心大意，而使实验的部分或全部结果显著偏离实际值所造成的误差。严格地说，疏失误差是错误而不是误差。疏失误差应该是可以避免的，在测量中尽量做到以下四点：

(1) 测量前先熟悉仪表的性能，了解操作方法。对未使用过得仪表先详细阅读说明书。

(2) 在正式测量前可以做理论计算或进行试探性的粗测，掌握测量值的大致范围，以便测量时做参考。

(3) 测量时加强责任心，力求认真、仔细。而且尽量多测一些数据以便整理。

(4) 若测量完成后，在有足够多的测量数据情况下，发现某个数据明显不符或偏离测量曲线，可以考虑剔除该数据。

1.3 实验数据处理

1.3.1 测量中仪表数据的读取

测量中会遇到大量数据的读取、记录和运算。如果有效数字位数取得过多，不但增加数据处理的工作量，而且会被误认为测量精度很高而造成错误的结论。反之，有效数字位数过少，将丢失测量应有的精度，影响测量的准确度。

1. 指针式仪表数据的读取

指针仪表在测量中，指针不一定正好在仪表的刻度线上，读取数据时要根据仪表刻度的最小分度，凭借目测和经验来估计这一位数字。这个估计的数字虽然欠准确，但仍属于有意义的。如果超过这一位欠准数字再作任何估计都是无意义的。另一方面，在读取数据时要考虑测量仪表本身的准确度。有时尽管能读取较多的位数，但还要根据准确度估算决定取的位数，使其与最大绝对误差的位数相一致。

2. 数字式仪表数据的读取

数字式仪表由于准确度和分辨力较高，读数方便，一般取全部读数，最后再分析、舍取。

1.3.2 有效数字的表示方法和运算

1. 对有效数字的一些规定

数字"0"可以是有效数字,也可以不是有效数字。

1) 第一个非零数字之后的"0"是有效数字。

> **例如**
>
> 30.10V 是四位有效数字;2.0mV 是两位有效数字。

2) 第一个非零数字之前的"0"不是有效数字。

> **例如**
>
> 0.123A 是三位有效数字;0.0123A 也是三位有效数字

3) 如果某数值最后几位都是"0",应根据有效位数写成不同的形式。

> **例如**
>
> 14000 若取两位有效数字应写成 1.4×10^4 或 14×10^3;若取三位有效数字,则应写成 1.40×40^4 或 140×10^2 或 14.0×10^3。也就是说科学表示法可写成有效位数 $\times 10^n$,其中 n 为 0,±1,±2,±3,…。

4) 换算单位时,有效数字不能改变。

> **例如**
>
> 90.2AmV 与 90.2V 所用单位不同,但都是三位有效数字。12.12mA 可换算成 1.212×10^{-4}A,但不能写成 1.2120×10^{-4}A

2. 数字的舍入规则

在测量中目前广泛采用如下科学的舍入规则:

1) 所拟舍去数字中,其最左面的第一个数字小于 5 时,则舍去。
2) 所拟舍去数字中,其最左面的第一个数字大于 5 时,则进 1。
3) 所拟舍去数字中,其最左面的第一个数字等于 5 时,则将末位凑成偶数。即当末位为偶数时 (0,2,4,6,8),末位不变;当末位为奇数时 (1,3,5,7,9),末位加 1。

3. 计算中有效数字的运算规则

1) 加减法运算规则

先对加减法中各项进行修约，使各数修约到比小数点后位数最少的那个数多一位小数，然后进行加减法运算，最后对运算结果进行修约，使小数点后位数与原各项中小数点最少的那个数相同。

例如

$$13.65 + 0.00823 + 1.633 = 13.65 + 0.008 + 1.633 = 15.291 = 15.29$$

以其中小数点后位数最少的为准，其余各数均保留比它多一位。所得的最后结果与小数点后位数最少的那个数相同。

2）乘除法运算规则

先对乘除法中各项进行修约，使各数修约到比有效数字最少的那个数多保留一位有效数字，然后进行乘除法运算，最后对运算结果进行修约，使有效数字位数与有效数字位数最少的那个数相同。

例如

$$0.0121 \times 25.64 \times 1.05782 = 0.0121 \times 25.64 \times 1.058 = 0.3282 = 0.328$$

以各数中有效数字位数最少的为准，其余各数或乘积（或商）均比它多一位，而与小数点位置无关。

3）对数运算规则

所取对数位数应与真数位数相等。

4）平均值运算规则

若由 4 个数值以上取其平均值，则平均值的有效位数可增加一位。

1.3.3 实验数据的处理方法

实验测量所得到的记录，经过有效数字修约、有效数字运算等处理后，有时仍不能看出实验规律或结果，因此，必须对这些实验数据进行整理、计算和分析，才能从中找出实验规律，得出实验结果，这个过程称为实验数据处理。实验数据处理的方法很多，这里仅介绍几种电子电路实验中常用的实验数据处理方法。

1. 列表法

列表法就是将实验中直接测量、间接测量和计算过程中的数值依一定的形式和顺序列成表格。列表法的优点是结构紧凑、简单易行，便于比较分析，容易发现问题和找出各电量之间的相互关系和变化规律等。

注意：表格的设计要便于记录、计算和检查；表中所用符号、单位要交代清楚；表中所列数据的有效数字位数要正确。

2. 图示法

在一坐标平面内,用一条曲线表示出两个电量之间的关系,称为图示法。图示法的优点是,当两个电量之间的关系不能用一解析函数表示时,却能容易地用图示法表示出来,而且图示法比较形象和直观。图示法的关键是要根据所表示的内容及其函数关系选择合适的坐标和比例,画出坐标轴及其刻度值,然后再标点描曲线。坐标轴及其刻度值选择的正确,可以简化作图和数据处理的过程。

3. 图解法

图解法是在用图示法画出两个电量之间的关系曲线的基础上,进一步利用解析法求出其他未知量的方法。许多电量之间的关系并非是线性的,但可以通过适当的函数变换或坐标变换使其成为线性关系,即把曲线改成直线,然后再用图解法求出其中的未知量。

1.4 电工实验方案的拟定和实施

实验是电路等相关理论课程的重要环节,通过实验应达到以下目的:掌握常用电工仪器、仪表的正确使用及电工实验的基本技能;巩固和加深理解所学的电工基础知识;培养学生的动手能力、分析和解决实际问题的能力;培养实事求是、严肃认真的科学态度及良好的实验作风;培养安全意识和安全操作习惯。

1.4.1 实验的实施

(一)实验程序

1. 实验前的预习

每次实验前仔细阅读实验指导书,明确实验目的与任务,了解实验原理、线路、方法、步骤及注意事项。对本次实验中应观察哪些现象、记录哪些数据、用到哪些仪器设备和文具等做到心中有数。

2. 实验前的准备工作

学生进入实验室,先认真听取指导老师介绍本次实验内容,对实验的各个环节、所用仪器仪表的使用方法及注意事项了解清楚后,到指定的试验台做好准备工作。

(1)检查所要用的仪器仪表、导线及各种元器件是否齐全、完好,检查仪表指针的起始位置是否正确,摆动是否灵活,记录仪表的名称、型号、规格及编号。

(2)每次实验都有接线、操作、记录、监护等工作,在各次实验中本组成员应合理分工配合并注意适当轮换。

3. 接线

接线前应将各种仪器设备和仪表合理地安排在实验台上,一般以便于接线、操作和读数为原则，特别要注意仪表的测量选择开关和量程开关位置是否正确。所有电源开关应在断开位置。接线时应先接主回路，即由电源的一端开始，顺次连接，回到电源的另一端，然后再连接分支电路。接线应整齐清楚，每个接线柱上所接线头应尽可能少，连接要紧密。

线路连接完毕，接线者自查和同组同学互查，一些较复杂的或电压较高的实验线路还必须经指导老师的复查确认无误后，方可准备通电实验。

4. 通电

接通电源前，先将电源的调节手柄及旋钮调至零位并告知在场人员。合上电源开关后，缓慢调节电源的输出电压，注意观察各仪表的偏转是否正常。如有异常，应立即切断电源进行检查和处理。实验过程中如果需要改接线路，首先应切断电源，并将电源电压调回零位。线路改接完毕经检查无误后方可通电继续实验。

5. 操作、观察和记录

操作者应熟记实验步骤，操作时要胆大心细。为保证实验结果正确，接通电源后，先大致试做一遍。试做时不必仔细读数据，主要观察各被测量的变化情况和出现的现象，可发现仪表是否合适，设备操作是否方便等，若有问题应在正式实验之前解决。

从指针式仪表读取数据时，目光应正对指针。对有反射镜的仪表，看到指针与它在镜中的影像重合时方可读数，并注意将读数根据仪表量程或倍率换算成实际值。

实验现象和实验数据应记录在预先准备好的坐标纸或表格内，并注明被测量的名称和单位。

6. 收尾工作

实验结束时，应先切断电源，暂不拆线。对记录下来的数据、观察到的现象和作出的曲线，运用所学过的理论知识分析判断，经检查合理且完整后，再将电源调至零位并拆除线路。最后将所用仪器设备复原归位，将导线整理成束，清理实验桌面及周围环境。

（二）编写实验报告

实验课后应对实验结果进行整理、计算、分析和讨论，并完成实验报告。实验报告一般包括以下内容。

（1）实验名称、班级、姓名、学号、实验日期等。

（2）扼要写出实验目的。

（3）列出所用仪器设备的名称、型号、规格、数量等。

（4）画出实验原理图。

（5）简述实验操作步骤。将实验数据填入表格或将观察到的波形和现象绘制在坐标纸上。

（6）分析、讨论实验结果。说明实验结果是否与理论相符；讨论所采用的实验方法存在的问题，写出收获、体会，提出改进意见。

（三）实验室的安全操作规程

（1）实验时要严肃认真，不做与实验无关的事。

（2）分清实验室的直流电源和交流电源，了解它们各自的电压、电流额定值，认清直流电源的正、负极及交流电源的火线、零线。

（3）实验线路接完后，应认真自查及互查，经指导老师同意并通知同组人员后，才能接通电源。

（4）各仪器仪表每次使用前，其测量选择开关和量程开关都要认真选好，指针该调零的要调零。

（5）不得用手触摸带电部分，当触及高于36V的电压时，就有可能引起触电事故。潮湿的地面，安全电压更低。一旦发生设备或人身事故，应立即切断电源，保持线路现状，报告指导老师，查明原因。

（6）严禁带电改接线路或更换仪表量程，改接线路应在断开电源、电容器充分放电后进行。

（7）每次实验都应先试电源之后再进行测试。可调电源应从0开始逐步调至所需数值。实验过程中不要只埋头读数，要注意出现的种种现象，例如，仪器设备的发热、声音及气味等。一旦发现异常应立即切断电源停止实验，并保持事故现场以便分析原因。

（8）实验完毕后随即切断电源，若线路中有电容器，还需用导线短接放电后再拆除线路。

1.4.2 自行拟定实验方案

在初步掌握了电工测量基本方法和技能的基础上，可自行拟定实验方案并实施，进一步提高实验能力。自行拟定的实验方案要写成书面形式，应考虑以下几个方面：

1. 明确实验目的

通过本次实验，希望达到什么目的，如测量某网络的等效参数；测量某设备的伏安特性；求出其电路模型；测量某线路的电压电流以加深对电工理论或对某定律的理解等。在确定实验目的之后，拟定确切的实验题目。

2. 说明实验原理、设计实验线路

根据有关电工理论知识说明实验的原理与依据，并考虑到实验室现有仪器设备，自行设计一个合理的实验线路。

3. 选定实验仪器设备

根据电工理论知识和电路参数，估算出实验线路中被测量的大小。选择所用仪器仪表的型号、规格，对于电器元件和电源设备一定要校核电压、电流和功率，使其不得超过额定值。列出实验使用的仪器设备清单。

4. 提出实验内容与步骤。

5. 制作实验记录表格。

6. 列出注意事项。

1.4.3 实验故障的排除

排除实验中出现的故障，是培养学生综合分析问题能力的一个重要方面，需要具备一定的理论基础和较熟练的实验技能以及具有丰富的实际经验。

1. 排除实验故障的一般原则或步骤

（1）出现故障时应立即切断电源，关闭仪器设备，避免故障扩大。

（2）根据故障现象，判断故障性质。实验故障大致可分为两大类：一类是破坏性故障，可使仪器、设备、元器件等造成损坏，其现象常常是冒烟、烧焦味、爆炸声、发热等。另一类是非破坏性故障，其现象是无电流、无电压、指示灯不亮，电流、电压、波形不正常等。

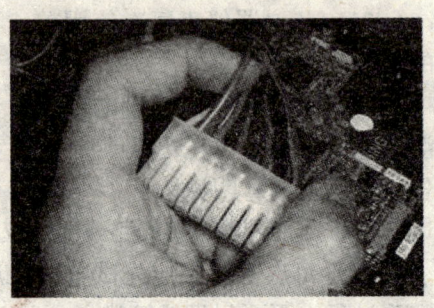

（3）根据故障性质，确定故障的检查方法。对于破坏性故障不能采用通电检查的方法，应先切断电源，然后用万用表的欧姆档检查电路的通断情况，看有无短路、断路或阻值不正常等现象。对于非破坏性故障，也应先按切断电源进行检查，认为没有什么问题再采用通电检查的方法。通电检查主要使用电压表检查电路有关部分的电压是否正常。

（4）进行检查时首先应知道正常情况下电路各处的电压、电流、电阻、波形，做到心中有数，然后再用仪表进行检查，逐步缩小产生故障的范围，直到找到故障所在的部位。

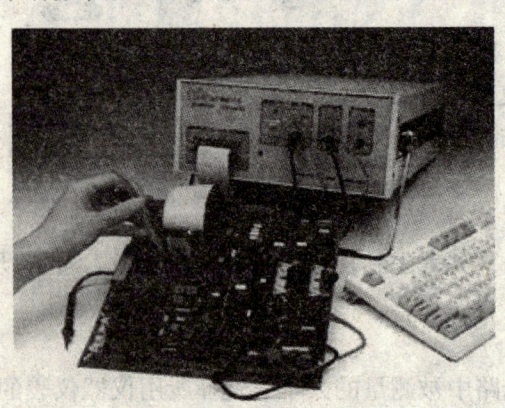

2. 产生故障的原因

产生故障的原因很多，一般可归纳如下：

（1）电路连接不正确或接触不良，导线或元器件引脚短路或断路。

（2）元器件、导线裸露部分相碰造成短路。

（3）测试条件错误。

（4）元器件参数不合适或引脚错误。

（5）仪器使用、操作不当。

（6）仪器或元器件本身质量差或损坏。

第2章 电工仪表的基本知识

电工仪表不仅用来测量电量,而且也可以同其他装置配合在一起测量非电量(如温度、机械量等)。电工仪表是进行电工测量的必备工具和仪器。在日常工作中,可以通过电压表的指示掌握电气设备的工作特性;通过电流表的指示了解设备的负荷变化情况;通过电度表来计量用电设备或线路消耗电能的多少等。

电工测量的对象主要是指电流、电压、电功率、电能、相位、频率、功率因数、电阻等。测量各种电量(包括磁量)的仪器仪表,统称为电工测量仪表。电工测量仪表的种类很多,其中最常用的是测量基本电量的仪表。

2.1 常用电工仪表的分类

2.1.1 指针式仪表

指针式仪表简称为指针表,是目前电工测量中广泛应用的一类电工仪表。其特点是将被测电量转换为驱动仪表机械转动部分的转动力矩,以带动指针偏转的角度来反映被测电量的大小,操作者可从仪表表盘的标度尺上直接读数。

指针表由于种类繁多,又常按以下几个方面分类:
(1) 按被测电量可分为电流表、电压表、功率表与频率表等。
(2) 按工作原理可分为磁电系、电磁系、电动系、感应系、整流系等。
(3) 按工作电流可分为直流电流表、交流电流表、交直流两用电流表等。

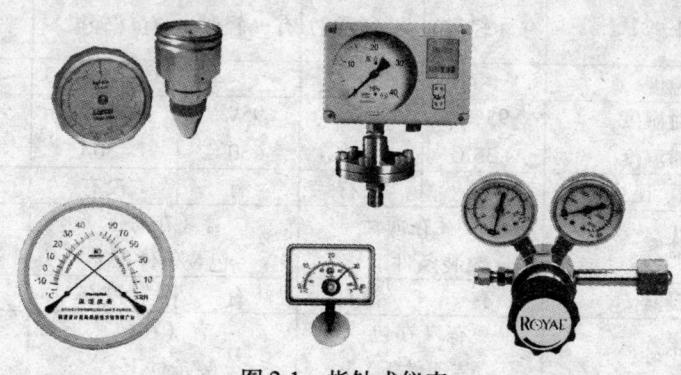

图 2-1 指针式仪表

(4) 按准确度等级可分为 0.1、0.2、0.5、1.0、1.5、2.5 和 5.0，共 7 级。一般 0.1 级和 0.2 级的仪表用于标准仪表，0.5~1.5 级的仪表用于实验室测量，1.5~5.0 级的仪表用于工程测量。

(5) 按使用方式可分为安装式仪表和便携式仪表。安装式仪表通常是固定在开关板或某一电气装置的上面板上，其准确度较低，但过载能力较强，造价较低；可携式仪表便于携带，一般常在室外或实验室使用，其准确度较高，但过载能力较低，造价较高。

(6) 按使用条件可分为 A、A_1、B、B_1、C，共 5 组。各组的工作条件和罪恶劣条件如表 2-1 所示。从表 2-1 可见，A、B 组可用于室内，C 组室外或船舰、飞机、车辆。

(7) 按防御外界磁场或电场的性能可分为 Ⅰ、Ⅱ、Ⅲ、Ⅳ，共 4 个等级。Ⅰ 级仪表在外磁场或外电场的影响下，允许其指标值改变 ±0.5%；Ⅱ 级仪表允许改变 ±1.0%；Ⅲ 级仪表允许改变 ±2.5%；Ⅳ 表允许改变 ±5.0%。

(8) 按外壳防护性能可分为普遍式、防尘式、防溅式、防水式、水密式、气密式、隔爆式 7 种。

(9) 按仪表的工作位置分类，可分为水平使用仪表和垂直使用仪表。

表 2-1 仪表的使用条件分类表

环境条件参数	分类组别	A 组	A_1 组	B 组	B_1 组	C 组
工作条件	温度	0 ~ +40℃		−20 ~ +50℃		−40 ~ +60℃
	相对湿度	95%	85%	95%	85%	95%
	当时温度	+25℃	+25℃	+25℃	+25℃	+25℃
	霉菌、昆虫	有	没有	有	没有	有
	盐雾	没有	没有	①	没有	①
	凝露	有	没有	有	没有	有
	尘砂	有（轻微）	有（轻微）	有（轻微）	有（轻微）	有
最恶劣条件	温度	−40 ~ +60℃		−40 ~ +60℃		−50 ~ +60℃
	相对湿度	95%	95%	95%	95%	95%
	当时温度	+35℃	+30℃	+30℃	+30℃	+60℃
	霉菌、昆虫	有	没有	有	没有	有
	盐雾	有（在海运包装条件下）		有（在海运包装条件下）		有
	凝露	有	没有	有	没有	有
	尘砂	有（在包装条件下）		有（在包装条件下）		有

① 订货方提出要求时应耐受盐雾影响。

2.1.2 数字式仪表

数字式仪表简称为数字表。数字表是采用数字化技术,把被测电量转换成电压信号,并以数字形式直接显示。它主要通过模拟量/数字量(A/D)转换来测量随时间连续变化的电量。其显示位数一般为 4~8 位,若最高位只能显示 0 或 1 字,则称为半位,写成"1/2"位。

数字表目前有两大类,即普通数字表和智能式数字表,两者的区别在于内部是否有微处理器。

数字表也常按被测量物理量来分类,如测量电压的数字电压表、测量频率的数字频率表等。

数字表还常按显示单元的"位数"来分类,如对于常用的数字万用表共有 5 个显示单元,因其最高只能显示"0"或"1",故称为"$4\frac{1}{2}$位"数字万用表。近来有一部分数字表的显示单元用 3000 字、4000 字、5000 字作显示单元的"位数",分别表示最高显示为 2999、3999、4999。

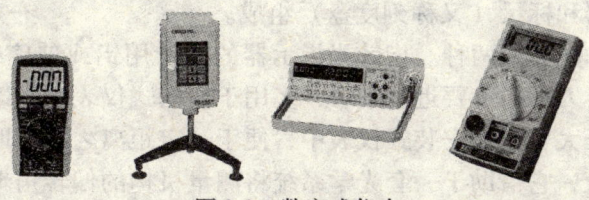

图 2-2 数字式仪表

2.1.3 较量式仪表

较量式仪表如电位差计、电桥等,其与直读式仪表的测量原理不同,它是根据比较法来实现测量的目的。在利用这种仪表进行测量时,尽管它也用直读式仪表的测量机构作为参照,将被测量与已知标准量进行比较,但最终确定被测量的大小不依靠仪表的读数。其测量误差很容易做到低于万分之一。由于大部分较量式仪表在测量中对测量的环境(如温度、湿度等)等指标要求非常高,因此除电位差计和电桥外,其他较量式仪表平时较少采用。

2.2 指针式仪表

2.2.1 指针式仪表的组成

指针式仪表主要由测量机构和测量电路组成,配上读数装置就可以由仪表指针的偏转指示来取得测量值。

1. 测量机构

指针式仪表的测量机构是一个接受电量后产生偏转运动的机构。它能将被测电量转换成仪表可动部分的偏转角，并在转换过程中保持接受的电量和产生的偏转角函数关系。测量机构大都由固定部分（磁铁或线圈）和可动部分（线圈或软磁铁片）两大部分组成，这两部分通过电磁力的相互作用来产生转动力矩带动指针偏转以指示电量，故常称这类仪表为机电式电工仪表。

2. 测量电路

测量电路是把被测量 x（电流、电压、相位、功率等）转换为测量机构可以直接接受的过渡量 y（一般为电流），并保持一定变换比例的组合部分。测量电路通常由电阻、电感、电容等电子元器件组成。同一种测量机构配合不同的测量电路，可组成多种测量仪表。指针式仪表的测量过程如图 2-3 所示。

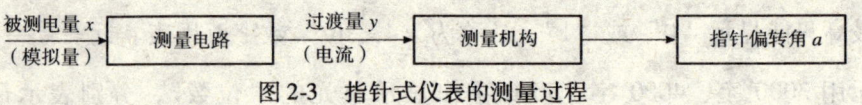

图 2-3　指针式仪表的测量过程

3. 读数装置

读数装置由指示器和标尺（又称刻度盘）组成。

指示器有指针式和光标式两种。指针式指示器的指针用铝或玻璃纤维制成，重量极轻。指针又分刀形和矛形。刀形指针要近观细看，多用于便携式仪表中，以利取得精确读数；矛形指针远看醒目，用于大、中型安装式仪表中，便于一定距离之外读取指示值。光标式指示器不用指针读取指示值，它借助于一套光学系统将测量机构的偏转角聚成一个光点射到刻度盘上来读取指示值，它可以完全消除视差，但结构复杂，只在一些高灵敏度、高准确度的仪表上才使用。

标尺是一块画有刻度的表盘，标尺可以是线性的（刻度均匀），也可以是非线性的（刻度不均匀）。为减小视差，0.5 级以上的精密仪表通常在标尺下面安装一个反射镜（又称为镜子标尺），当看到指针和指针在镜子中的影像重合时才进行读数。

2.2.2　电工仪表的型号

电工仪表的产品型号是按规定的标准编制的。对于安装式和便携式仪表的型号各有不同的编制规定。

1. 安装式指示仪表

安装式仪表型号的基本组成形式如图 2-4 所示：

形状第一位代号按仪表面板形状最大尺寸编；形状第二位代号按外壳形状尺寸特征编；系列代号表示仪表的不同系列，如磁电系用 C，电磁系用 T，电动系用 D，感应系用 G，整流系用 L，静电系用 Q 来表示等等；设计序号以数字表示；用途号表示仪表的不同用途，如测电流用 A，测电压用 V 表示等。

第2章 电工仪表的基本知识

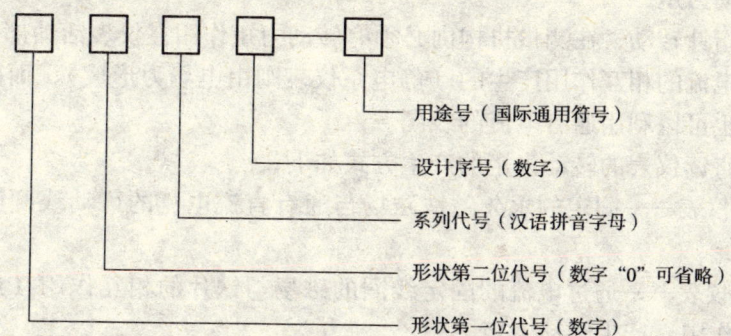

图 2-4 安装式指示仪表型号

例如

42C3-A 型直流电流表,"42"为形状代号,按形状代号可从有关标准中查出仪表的外形和尺寸,"C"表示是磁电系仪表,"3"为设计序号,"A"表示用来测量电流。

2. 便携式指示仪表

便携式指示仪表型号的基本组成形式如图 2-5 所示:

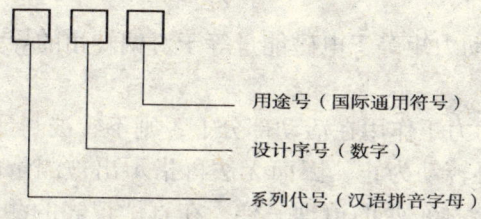

图 2-5 便携式指示仪表型号

对于便携式仪表,则不用形状代号。第一位系列代号,亦用来表示仪表的不同系列,设计序号和用途号的组成形式和安装式仪表相同。

例如

T19-V 型交流电压表,"T"表示电磁系,"19"为设计序号,"V"表示用来测量电压。

2.2.3 指针式仪表的结构及工作原理

仪表的测量机构可分为两个部分,既活动部分及固定部分。用以指示被测量数值的指针或光标指示器就装在活动部分。

测量机构的主要作用为:

- 产生转动力矩

要使仪表的指针转动,在测量机构内必须有转动力矩作用在仪表活动部分上。转动力矩一般是由磁场和电流的相互作用产生的(静电系仪表则由电场力形成),而磁场的建立可以利用永久磁铁,也可以利用通有电流的线圈。

常用的几种直读仪表的转动力矩的产生方式如下:

(1)磁电系仪表——固定的永久磁铁磁场与通有直流电流的可动线圈间的相互作用产生转动力矩。

(2)电磁系仪表——通过电流的固定线圈的磁场与铁片的相互作用(或处在磁场中的两个铁片的相互作用)产生转动力矩。

(3)电动系仪表——通有电流的固定线圈的磁场与通有电流的可动线圈间的相互作用产生转动力矩。

设 W_e 为测量机构的电磁能,M 为转动力矩,a 为活动部分的偏转角。活动部分在转动力矩 M 作用下,活动部分产生偏转角 da,按功能平衡原理——活动部分所作的功,等于电场或磁场能量的变化。用公式可表示如下

$$Wda = dW_e$$

$$W = \frac{dW_e}{da} \tag{2-1}$$

从式(2-1)可见,转动力矩等于电磁能量等于对偏转角的导数。

- 产生反抗力矩

如果一个仪表仅有转动力矩作用在活动部分上,则不管被测量何值,活动部分都会偏转到满刻度位置,直到不能再转动为止,因而无法再指示出被测量的大小,正如"秤杆"需要"秤砣"以平衡重物才能称东西的道理一样,在直读仪表的测量机构内也必须有"反抗力矩"的作用在仪表的活动部分,反抗力矩 Ma 的方向与转动力矩相反,其大小是仪表活动部分偏转角位移 a 的函数,即

$$Ma = F(a) \tag{2-2}$$

当测量被测量时,转动力矩作用在仪表活动部分上,使它发生偏转,同时反抗力矩也作用在活动部分上,且随着偏转角的增大而增强,当转动力矩和反抗力矩相等时,指针就停止下来,指示出被测量的数值。

- 在直读仪表中产生反抗力矩方法有:

(1)利用机械力:利用"游丝"变形所具有的恢复原状的弹力产生反抗力矩在仪表中应用很多,此外可以利用悬丝或张丝支撑后,不再需要转轴和轴承,从而消除了其中的摩擦影响,使仪表测量机构的性能得到了很大的改善。

反抗力矩可以用式子表示为

$$Ma = Da \tag{2-3}$$

式中，Ma——反抗力矩；

D——反抗力矩系数，其值决定于材料性质及尺寸。

（2）利用电磁力和利用电磁力产生转动力矩的方法一样，可以利用电磁产生反抗力矩，这样构成了"比率表"（或称流比计）一类仪表，如磁电系比率表构成了兆欧表，电动系比率表构成了相位表及频率表等。

● 产生阻尼力矩

从理论上来说，在直读仪表中，当转动力矩和反抗力矩相等时，仪表指针应静止在某一平衡位置。但由于仪表活动部分具有惯性，它不能立刻就静止下来，而是围绕这个平衡位置左右摆动，这种情况将造成读数困难。为了缩短这个摆动时间，必须使仪表活动部分在运动过程中受到一个与运动方向相反的力矩的作用，这种力矩通常称为阻尼力矩。它的作用是使仪表活动部分更快地静止在最后的平衡位置上。产生阻尼力矩的装置称为阻尼器。

从上面讨论可知转动力矩和反抗力矩是仪表内部的主要力矩，两者的相互作用决定了仪表的稳定偏转位置，但由于产生转动力矩的方法和机构有不同，从而构成了不同类型的仪表，如磁电系、电磁系、电动系等。

2.2.4 指针式仪表表盘上常用的符号及意义

指针式仪表实际上是通过仪表表盘上的不同符号来反映其技术性能的，通常在指针式仪表的表盘上标有一些特定符号来说明其各种技术性能。指针式仪表表盘上常用的符号及意义见表2-2、表2-3。

表2-2 指针式仪表表盘上常用的符号及意义

仪表工作原理的图形符号			
名 称	符 号	名 称	符 号
磁电系仪表	∩	电动系仪表	⊕
磁电系比率表	⋈	电动系比率表	⋈
电磁系仪表	⌇	感应系仪表	⊙
电磁系比率表	⋈	静电系仪表	⊥
整流系仪表	⌇	铁磁电动系仪表	⊕
热电系仪表	∪	铁磁电动系比率表	⊠

续表

电流种类的符号			
名 称	符 号	名 称	符 号
直流	—	交流（单相）	∼
直流和交流	≃		

准确度等级的符号			
名 称	符 号	名 称	符 号
以标度尺量限百分数表示的准确度等级	1.5	以标度尺长度百分数表示的准确度等级1.5	↓1.5
以指示值的百分数表示的准确度等级	①.5		

工作位置的符号			
名 称	符 号	名 称	符 号
标度尺位置垂直	⊥	标度尺位置水平	⊓

绝缘强度的符号			
名 称	符 号	名 称	符 号
不进行绝缘强度试验	☆0	绝缘强度试验电压为	☆2

按外界条件分组的符号			
名 称	符 号	名 称	符 号
外磁场影响，产生与等级指数相对应的改变量	2 kA/m	外电场影响，产生与等级指数相对应的改变量	10 kV/m

表2-3 测量单位的名称和符号

名 称	符 号	名 称	符 号
千安	kA	千赫	kHz
安（培）	A	赫（兹）	Hz
毫安	mA	兆欧	MΩ
微安	μA	千欧	kΩ
千伏	kV	欧（姆）	Ω
伏（特）	V	毫欧	mΩ
毫伏	mV	微欧	μΩ
微伏	μV	相位角	φ
兆瓦	MW	功率因数	cos φ

续表

名 称	符 号	名 称	符 号
千瓦	kW	无功功率因数	$\sin\varphi$
瓦（特）	W	微法	μF
兆乏	Mvar	皮法	pF
千乏	kvar	亨（利）	H
乏	var	毫亨	mH
兆赫	MHz	微亨	μH

例如

一个仪表的表面上的符号如下：

C1-MA250MA-∩-☆2

则表示是 C1-MA 型毫安表，量限为 250mA；支流仪表；磁电系测量机构；使用时要求垂直放置；缘强度实验电压为 2kV；准确度为 2.5 级。

2.3 仪表的合理选择与正确使用

2.3.1 仪表的合理选择

在电工实验以及工农业生产中经常遇到各种电路物理量（或称电气参数）的测量问题。要想安全、迅速与准确的测出各种电路物理量的具体数值，合理地选择所使用的仪表是非常重要的问题。选择仪表的任务就是要根据测量对象的具体情况来确定仪表的类型、准确度等级、量程和内阻等等。每一块电工测量仪表的盘面上都有多种符号标记（表2-2），它说明了仪表的基本性能，只有在识别它们之后，才能正确地选择和使用仪表。

选择仪表的一般方法：

（1）确定选用仪表的类型

通常是根据被测量的种类（电流、电压、电阻和功率等）和仪表工作电流种类以及频率等来确定选用仪表的类型。例如，要测量直流电流就应选用直流电流表。要测量交流电压就应选用交流电压表。要测量电阻就要选用欧姆表，或万用表（电阻档），要测量功率就要选用功率表。要测量计算电能就要选用电度表，要测量频率就应选用频率表等等。一般直流表都是磁电系仪表，而交流表的类型较多，多数是电磁系仪表。要测工频交流电流或电压，就应选用电磁系交流电流表或电压表。如要测音频电流就要选用整流系交流电流表。

如果被测量是非正弦交流电流或电压，则应区别是测量有效值、平均值还是最大值。其中有效值可用电磁系或电动系电流表或电压表测量；平均值用整流系仪表测量；最大值可用峰值表测量。

(2) 准确度等级的选择

仪表的准确度是说明仪表的指示值与被测量的实际值接近的程度，所以仪表的准确度越高，其测量误差越小。当然，若其他条件配合不当，高准确度的仪表也未必一定得到高准确的测量结果。测量时选用仪表的等级要根据测量的性质和其对准确度的要求来确定。如果是为校正仪表或者是进行要求较高的精密测量就应选用0.1级和0.2级的仪表，在实验室中多选用0.5~1.5级的仪表。对一般性要求不高的测量，可选用1.0~5.0级的仪表。（各级仪表的基本误差见表1-1）。

(3) 量程和内阻的选择

仪表量程的选择主要是根据被测量的大小来确定的。一般说来被测量的大小较仪表的满标值越小，则相对测量误差就越大，因此在选用仪表量程时，应使被测量的值尽量接近满标值。通常先估计出被测量可能出现的最大数值，然后选仪表量程为该最大值的1.2~1.5倍左右。

关于仪表的内阻问题是较为复杂的。一般地说，不同仪表的表头内阻是固定的，有些仪表的内阻在表盘上有标记，多数则没有标记。根据仪表的功能，为了减少误差我们要求电流表的内阻必须很小，而电压表的内阻则应很高。通常在精密测量中，如测电流是应尽量选择内阻小的电流表，而测电压时则尽量选择内阻大些的电压表。例如，用内阻不很高的电压表去测量高内阻电源的端电压或测量一段高电阻电路的电压降都会使测量结果有很大的误差，其原因是由于并联电压表后使被测电路电流变化较大所致。同样，用较高内阻的电流表去测电阻电路中的电流时，由于电流表串入被测电路后，加大了被测电路中的电阻，导致被测电流发生较大变化，结果也会产生很大误差。所以应该根据被测量的具体情况来正确的选择仪表的量程和仪表的内阻。

2.3.2 仪表的正确使用

选定仪表之后，如何正确地使用仪表是测量成败的关键。如果仪表使用不当不但会影响测量的结果，还可能造成仪表的损坏或其他的不良后果。

正确使用仪表的方法：

(1) 首次使用应看好仪表盘面上的符号标记，了解仪表的性能特点，最好能仔细阅读仪表的使用说明书。

(2) 要保证仪表所要求的正常工作条件。一般正常工作条件大体是指如下的几个方面：仪表在使用前要将指针调整到零位；仪表应按规定的工作位置安放，即按规定将仪表摆放成水平位置或垂直位置或倾斜位置；应按仪表标明的温度使用，如未加标明一般使用温度应为20℃；除地磁外，使用仪表时要避免外来电磁场的影响；对于交流仪表来说，电流波形应是正弦波，频率应在规定的范围之内。

（3）仪表要正确地接入被测电路。各种仪表都有各自的接线方式和要求。这一点要严格遵守，否则将引起测量误差或严重的后果。例如，电流表应该与被测电路串联，如果电流表与被测电路并联，由于电流表内阻很小，相当于电路短接，会烧毁仪表。

（4）正确的读数。测量时，正确的读数也是很重要的。其方法应该是待指针稳定后两眼正对指针来读取数值，如标度盘带有反射镜时应使眼睛、指针和指针在镜内的影像成为一条直线时再读数。

（5）要特别注意多用仪表的使用问题。目前，多种用途的电工测量仪表很多，如交直流两用表，电流、电压两用表，万用表以及多量程的仪表等，使用这些仪表时要特别注意，绝对不得用错，以免损坏仪表。

第3章 常用电工仪器仪表及实验装置

在电工测量中要经常用到电工测量仪表（如电流表、电压表、万用表、功率表等）和电子测量仪器（如稳压稳流源、示波器、调压器等），掌握它们的使用方法是做好电路实验的基础。本章将重点介绍实验室中常用的电工测量仪表及电子测量仪器，并对DGJ-3电工技术实验装置做详细介绍。

3.1 电流表

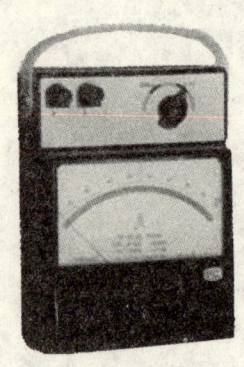

英文 ammeter 又称"安培表"。是指固定安装在电力、电信、电子设备面板上使用的仪表，用来测量交、直流电路中的电流。在电路图中，电流表的符号为"Ⓐ"按刻度盘上的符号可分为：安培表（A）、毫安表（mA）和微安表（μA）。目前实验室主要用的是T51-mA型号毫安表。

3.1.1 电流表工作原理

电流表是根据通电导体在磁场中受磁场力的作用而制成的。内部有一永磁体，在极间产生磁场，在磁场中有一个线圈，线圈两端各有一个螺旋弹簧，弹簧各连接电流表的一个接线柱，在弹簧与线圈间由一个转轴连接，在转轴相对于电流表的前端，有一个指针。当有电流通过时，电流沿弹簧、转轴通过磁场，电流切磁感线，所以受磁场力的作用，使线圈发生偏转，带动转轴、指针偏转。由于磁场力的大小随电流增大而增大，所以就可以通过指针的偏转程度来观察电流的大小。这叫磁电式电流表，就是我们平时实验室里用的那种（图3-1）。

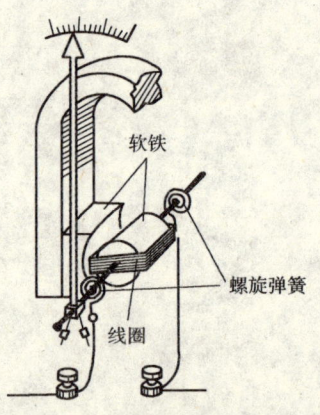

图3-1 电流表工作工作原理

3.1.2 电流表读数

在实验过程中，我们准备读电流数值时，首先要先看清电流表的量程范围，一般在表盘上有标记；然后看清表针停留位置（一定从正面观察），再通过换算确认最小格的一个格数表示多大电流，最后进行相应的换算就可以读数了，就是所得到的电流值。

3.1.3 电流表的使用规则

（1）电流表必须要与用电器串联在电路中，绝对不允许不经过用电器而把电流表连到电源的两极上，因为电流表内阻很小，相当于一根导线。若将电流表连到电源的两极上，轻则指针打歪，重则容易发生短路烧毁电流表；

（2）在线路中接直流电流表时，必须使电流从"+"接线柱流进电流表，从"-"接线柱流出来，如果不小心接反了，指针就反方向移动，容易把指针打弯；

（3）被测电流千万不要超过电流表的最大测量值；被测电流如果超过电流表的最大测量值时，不仅测不出电流值，反而电流表的指针还会被打弯，甚至烧坏电流表。

3.2 电压表

指固定安装在电力、电信、电子设备面板上使用的仪表，用来测量交、直流电路中的电压。常用电压表——伏特表，符号：Ⓥ

电压表按其工作原理和读数方式分为模拟式电压表和数字式电压表两大类。

3.2.1 电压表的原理

在电压表内，有一个磁铁和一个导线线圈，通过电流后，会使线圈产生磁场，这样线圈通电后在磁铁的作用下会旋转，这就是电压表的表头部分。

这个表头所能通过的电流很小，两端所能承受的电压也很小（肯定远小于1V，可能只有零点零几伏甚至更小），为了能测量我们实际电路中的电压，我们需要给这个电压表串联一个比较大的电阻，做成电压表。这样，即使两端加上比较大的电压，可是大部分电压都作用在我们加的那个大电阻上了，表头上的电压就会很小了。可见，电压表是一种内部电阻很大的仪器，一般应该大于几千欧。

电压表按其工作原理和读数方式分为模拟式电压表和数字式电压表两大类。我们在实验室用的主要是模拟式电压表。模拟式电压表又叫指针式电压表，一般都采用磁电式直流电流表头作为被测电压的指示器。测量直流电压时，可直接或经放大或经衰减后变成一定量的直流电流驱动直流表头的指针偏转指示。测量交流电压时，必须经过交流-直流变换器即检波器，将被测交流电压先转换成与之成比例的直流电压后，再进行交流电压的测量。模拟式电压表按不同的方式又分为如下几种类型：

① 按工作频率分类：分为超低频（1kHz 以下）、低频（1MHz 以下）、视频（30MHz 以下）、高频或射频（300MHz 以下）、超高频（300MHz 以上）电压表。

② 按测量电压量级分类：分为电压表（基本量程为 V 量级）和毫伏表（基本量程为

mV 量级)。

③ 按检波方式分类：分为均值电压表、有效值电压表和峰值电压表。

④ 按电路组成形式分类：分为检波-放大式电压表、放大-检波式电压表、外差式电压表。

3.2.2 电压表的分类

直流电压表的符号要在 V 下加一个"-"，交流电压表的符号要在 V 下加一个波浪线"~"；交流电压表不分正负极，正确选择量程，直接把电压表并联在被测电路的两端。

电压表的使用规则：

(1) 使用电压表前，首先要调零，同时弄清电压表的量程和最小刻度值。根据估测的电压大小，选择合适量程；不能估测被测电压大小的，要用最大量程试触法来选择合适的量程。被测电压不要超过电压表的量程，是指电压表能够测量的电压最大值，如果待测电压超过了电压表的量程，容易把电压表烧坏，选用量程的方法与电流表相同，同学们在使用电压表之前要很好地复习。

(2) 电压表要并联在被测电路两端，要测量哪一部分电路两端的电压，必须把电压表跟这部分电路并联起来。

电压表要并联在被测电路两端，因为电压表实质上相当于阻值无穷大的电阻，将电压表串联在电路中，电路就可以近似看成从电压表处形成开路，电路中也就几乎没有电流。虽然电压表不至于被损坏（量程合适），但这样是测不出被测电路两端电压的。

(3) 如果接直流电压表的时候，"+""-"极接线柱的接法要正确连接，必须使电流从"+"接线柱流入，从"-"接线柱流出。

"+""-"接线柱的接法要正确。这里"正确"的意思是：电流从"+"接线柱流进电压表，从"-"接线柱流出来。因为电压表的"0"刻度通常也在表盘的左端，如果电流的流向搞反，会使电压表指针反向偏转，造成指针碰弯等损坏电压表的事故，我们检查接线柱的接法是否正确，要抓住电流的流向加以分析。

表 3-1 电流表与电压表的比较

仪表 比较	电压表	电流表
用途	测量电路两端的电压	测量电路中的电流
符号	Ⓥ	Ⓐ
连接方法	并联在被测电路的两端	串联在被测电路中

续表

仪表比较	电压表	电流表
与电源相接	能够直接并联在电源两极上	绝对不允许不经过用电器直接连到电源两极上
相同点	使用前要调指针指在零刻度,清楚最小刻度值、量程。使用时都要使电流从正接线柱流进,负接线柱流出,都要选择合适量程,都要等指针稳定时再读数值,不能估计电流值或电压值时可用试触法判断是否超出量程	

步骤基本相同点

调——使用前先将表的指针调到"零刻度"的位置。

选——根据电路的实际情况选用合适的量程。在不知实际电流或电压的情况下,可采用"试触"的方法判断是否超过量程,注意,试触时要接在大量程的接线柱上,并且试触时动作迅速。

连——按照电流表和电压表的各自连接方法将表正确连入电路,同时注意表的正、负接线柱与电流流向的关系,必须保证,电流从表的正接线柱流入,从负接线柱流出。

读——正确读出表指针所示的数值,读数时一定要注意选用的量程及其对应的最小刻度值。

3.3 数字万用表

数字万用表是一种多用途电子测量仪器,一般包含安培计、电压表、欧姆计等功能,有时也称为万用计、多用计、多用电表,或三用电表。数字万用表有用于基本故障诊断的便携式装置,也有放置在工作台的装置,有的分辨率可以达到七八位数。这样的设备,在实验室很常见,一般被用作电压或电阻的基准,或用来调校多功能标准器的性能。实验室常用的数字万用表型号有 UT52、UT56、DT9205、DT930FD 等,各种型号的数字万用表使用方法是一致的,只是在面板排列和量程精度上有所差别。

3.3.1 基本功能

电流、电压和电阻的测量,一般被视为万用计的基本功能。早期万用表制造厂商 AVO 的品牌,就是该设备能够测量的这 3 种度量单位的名称的缩写:安培(Ampere)、伏特(Volt)、欧姆(Ohm)。

现在的新设备,可以测量更多的度量;一些常见的附加功能,及其测量的度量单位包括:电感(亨利)、电容(法拉)、电导(西门)、温度(摄氏度)、频率(赫兹)、占空比(百分率)。

现代万用表已全部数字化,并被专称为数字万用表(DMM,Digital MultiMeter)。在这种设备中,被测量信号被转换成数字电压并被数字的前置放大器放大,然后由数字显示屏直接显示该值,这样就避免了在读数时视差带来的偏差。

同样,更好的电路系统和电子学,也提高了测量精度。旧的模拟仪表的基本精度在5%到10%之间,现代便携数字万用表则可以达到±0.025%,而工作台设备更高达百万分之一的精度。

3.3.2 技术指标

数字万用表的基本技术指标:

1. 显示位数

数字万用表的显示位数是指能显示 0~9 共 10 个完整数码的显示器的位数。数字万用表的最高位通常只能显示"0"和"1",不能称为一个完整的位,故有1/2(半)位之称。显示位数越多,准确度就越高,但电路相对要复杂,成本也会提高。一般电工测量中使用 3 个半位或 4 个半位已能满足要求。

2. 测量范围

测量范围包括测量的电量和量程。数字万用表测量的基本电量有直流电压、直流电流、交流电压、交流电流和电阻,运用变换器有些还拓宽到测量电容、电感、温度、频率等。数字万用表每种电量的基本测量一般具有 4~5 个量程,电压从毫伏级到数百伏,电流从毫安级到数十安,能满足电工测量的一般要求。

3. 准确度

准确度是衡量仪表测量的一个重要参数,在数字万用表中与显示位数紧密相关。

4. 分辨力

分辨力是数字显示中最末一位的最小分度,分辨力越高则越灵敏。由于各档最末一位表示的量是不同的,故各量程的分辨力也相差很大。例如,测量 100mV 电压,使用 200mV 量程,则显示为"100.0",显然分辨力为 0.1mV;若测量 100mV 电压,使用 2V 量程,则显示为"0.100",显然分辨力为 1mV。

5. 输入阻抗

输入阻抗是指在工作状态下，从输入端看仪表的等效阻抗。输入阻抗越大，测量电路对测量对象的影响越小。数字万用表的输入阻抗与数字式基本表的集成电路芯片及外接电阻有关。

实验室常用数字万用表 DT9205 的面板图如图 3-2 所示。DT9205 以大规模集成电路、双积分 A/D（模/数）转换器为核心，配以全功能过载保护电路，可用来测量直流和交流电压、电流、电阻、电容、二极管、三极管、电路通断等。DT9205 的技术指标如表 3-2 所示。

（1）液晶显示器：显示仪表测量的数值；

（2）POWER 电源开关：开启及关闭电源；

（3）HOLD 保持开关：按下此功能键，仪表当前所测数值保持在液晶显示器上，再次按下，退出保持功能状态；

（4）电压、电阻插座、小于 200mA 电流测试插座、10A 电流测试插座、公共地；

（5）旋钮开关：用于改变测量功能及量程；

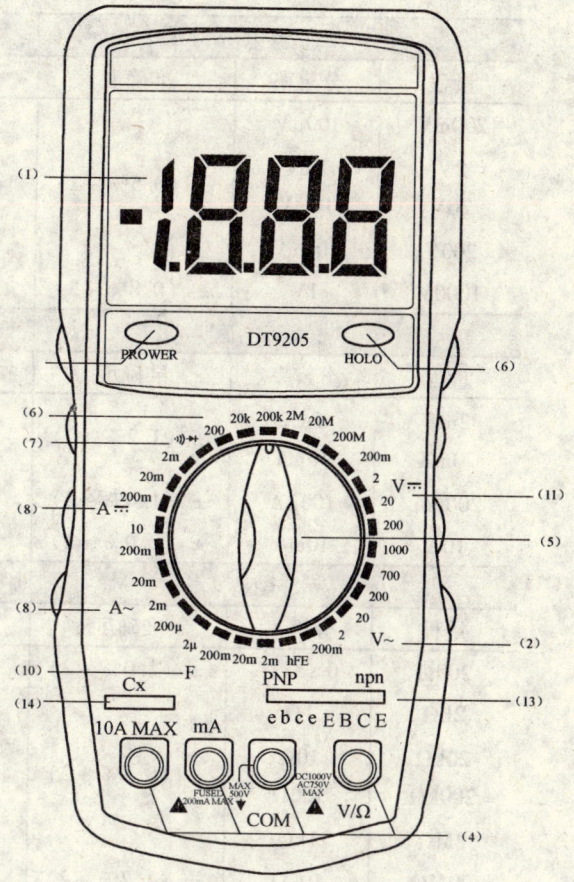

图 3-2 数字万用 DT9205 的面板图

（6）电阻测量档：测量量程分别为 200Ω、2kΩ、20kΩ、200kΩ、2MΩ、20MΩ、200MΩ 七个；

（7）二极管及蜂鸣器测量档：常用于测量二极管正向压降和测试电路的通断；

（8）直流电流测量档：测量量程分别为 2mA、20mA、200mA、10A 四个；

（9）交直流电流测量档：测量量程分别为 2mA、20mA、200mA、10A 四个；

（10）电容测量档：测量量程分别为 2nF、20nF、200nF、2μF、200μF 五个；

（11）直流电压测量档：测量量程分别为 200mV、2V、20V、200V、1000V 五个；

29

表 3-2 DT9205 的技术指标

1. 直流电压			2. 交流电压		
量程	分辨率	准确度	量程	分辨率	准确度
200mV	100μV		200mV	100μV	±（1.2%+3）
2V	1mV		2V	1mV	
20V	10mV	±（0.5%+2）	20V	10mV	±（0.8%+3）
200V	100mV		200V	100mV	
1000V	1V	±（0.8%+2）	700V	1V	±（1.2%+3）

3. 直流电流			4. 交流电流		
量程	分辨率	准确度	量程	分辨率	准确度
2mA	1μA		2mA	1μA	±（1.2%+3）
20mA	10μA	±（1.2%+2）	20mA	10μA	
200mA	100μA	±（1.4%+2）	200mA	100μA	±（1.8%+3）
10A	10mA	±（2.0%+2）	10A	10mA	±（3.0%+7）

5. 电阻			6. 电容		
量程	分辨率	准确度	量程	分辨率	准确度
200Ω	0.1Ω	±（1.0%+2）	2nF	1pF	
2kΩ	1Ω		20nF	10pF	
20kΩ	10Ω		200nF	100pF	
200kΩ	100Ω	±（0.8%+2）	2μF	1nF	±（4.0%+5）
2MΩ	1kΩ		20μF	10nF	
20MΩ	10kΩ	±（1.2%+2）	200μF	100nF	
200MΩ	100kΩ	±（5.0%+10）	2000μF	1μF	

（12）交直流电压测量档：测量量程分别为 200mV、2V、20V、200V、750V 五个（这里的电压都是指交流电压有效值，单位是 rms）；

（13）h_{FE} 测试插座：用于测量晶体三极管的 h_{FE} 数值大小；

（14）电容测试插座：用于测试电容数值的大小。

3.3.3 使用方法

使用前，应认真阅读有关的使用说明书，熟悉电源开关、量程开关、插孔、特殊插口的作用。

（1）将 ON/OFF 开关置于 ON 位置，检查 9V 电池，如果电池电压不足，将显示在显示器上，这时则需更换电池。如果显示器没有显示，则按以下步骤操作。

(2) 测试笔插孔旁边的符号，表示输入电压或电流不应超过指示值，这是为了保护内部线路免受损伤。

(3) 测试之前。功能开关应置于你所需要的量程。

1. 直流电压测量

(1) 将黑表笔插入 COM 插孔，红表笔插入 V/Ω 插孔。

(2) 将功能开关置于直流电压档 V- 量程范围，并将测试表笔连接到待测电源（测开路电压）或负载上（测负载电压降），红表笔所接端的极性将同时显示于显示器上。如果在数值左边出现"-"，则表明表笔极性与实际电源极性相反，此时红表笔接的是负极（图3-3）。

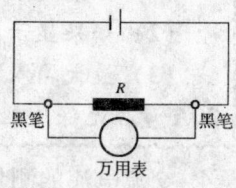

图 3-3　直流电压测量

注意事项

(1) 如果不知被测电压范围，将功能开关置于最大量程并逐渐下降。

(2) 如果显示器只显示"1"，则表明量程太小，那么就要加大量程后再测量。

(3) 不要测量高于 1000V 的直流电压，有损坏内部线路的危险。

(4) 当测量高电压时，要注意人身安全，不要随便用手触摸表笔的金属部分。

2. 交流电压测量

(1) 将黑表笔插入 COM 插孔，红表笔插入 V/Ω 插孔。

(2) 将功能开关置于交流电压档 V~ 量程范围，并将测试笔连接到待测电源或负载上，交流电压无正负之分，测量交流电压时没有极性显示。测量示意图与直流电压相同。

注意事项

(1) 当测量高电压时，要注意人身安全，不要随便用手触摸表笔的金属部分。

(2) 不要输入高于有效值 700Vrms 的交流电压，有损坏内部线路的危险。

3. 直流电流测量

(1) 将黑表笔插入 COM 插孔，若测量大于 200mA 的电流，则要将红表笔插入 "10A" 插孔并将旋钮打到直流 "10A" 档；若测量小于 200mA 的电流，则将红表笔插入 "200mA" 插孔，将旋钮打到直流 200mA 以内的合适量程。

(2) 将功能开关置于直流电流档 A-量程，并将测试表笔串联接入到待测负载上，电流值显示的同时，将显示红表笔的极性。如果在数值左边出现 "-"，则表明电流从黑表笔流进万用表图 (3-4)。

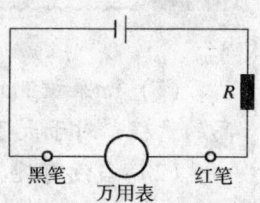

图 3-4　直流电流测量

> **注意事项**
>
> （1）如果使用前不知道被测电流范围，将功能开关置于最大量程并逐渐下降。
> （2）如果显示器只显示"1"，则表明量程太小，那么就要加大量程后再测量。
> （3）最大输入电流为 200mA 时，过量的电流将烧坏保险丝，应再更换更大量程。20A 量程无保险丝保护，测量时不能超过 15 秒。

4. 交流电流的测量

（1）将黑表笔插入 COM 插孔，当测量最大值为 200mA 的电流时，红表笔插入"200mA"插孔，当测量最大值为 10A 的电流时，红表笔插入 10A 插孔。

（2）将功能开关置于交流电流档 A～量程，并将测试表笔串联接入到待测电路中。测量示意图与直流电流相同。

> **注意事项**
>
> （1）与直流测量注意事项相同。
> （2）要特别注意电流测量完毕，应将红笔插回"VΩ"孔，若忘记这一步而直接测电压，将会造成电压表的彻底报废！

5. 电阻测量

（1）将黑表笔插入 COM 插孔，红表笔插入 V/Ω 插孔图（3-5）。

（2）将功能开关置于 Ω 量程，将测试表笔连接到待测电阻上。测量中可以用手接触电阻，但不要把手同时接触电阻两端，这样会影响测量精确度的——人体是电阻很大但是有限大的导体。读数时，要保持表笔和电阻有良好的接触；注意单位：在"200"档时单位是"Ω"，"2K"到"200K"档时单位为"KΩ"，"2M"以上的单位是"MΩ"。

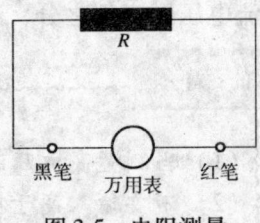

图 3-5 电阻测量

> **注意事项**
>
> （1）如果被测电阻值超出所选择量程的最大值，将显示过量程"1"，应选择更高的量程，对于大于 1MΩ 或更高的电阻，要几秒钟后读数才能稳定，这是正常的。
> （2）当没有连接好时，例如开路情况，仪表显示为"1"。
> （3）当检查被测线路的阻抗时，要保证移开被测线路中的所有电源，所有电容放电。被测线路中，如有电源和储能元件，会影响线路阻抗测试正确性。

> **注意事项**
>
> （4）万用表的 200MΩ 档位，短路时有 10 个字，测量一个电阻时，应从测量读数中减去这 10 个字。如测一个电阻时，显示为 101.0，应从 101.0 中减去 10 个字，被测元件的实际阻值为 100.0 即 100MΩ。

6. 电容测试

连接待测电容之前，注意每次转换量程时，复零需要时间，有漂移读数存在不会影响测试精度。

（1）将功能开关置于电容量程际 C(F)。

（2）将电容器插入电容测试座中。

> **注意事项**
>
> （1）仪器本身已对电容档设置了保护，故在电容测试过程中不用考虑极性及电容充放电等情况。
>
> （2）测量电容时，将电容插入专用的电容测试座中（不要插入表笔插孔 COM、V/Ω）。
>
> （3）测量大电容时稳定读数需要一定的时间。
>
> （4）电容的单位换算：$1\mu F = 10^6 pF$，$1\mu F = 10^3 nF$。

7. 二极管测试及蜂鸣器的连接性测试

（1）将黑表笔插入 COM 插孔，红表笔插入 V/Ω 插孔（红表笔极性为"+"）将功能开关置于"⇥"档、并将表笔连接到待测二极管，读数为二极管正向压降的近似值（图 3-6）。

（2）将表笔连接到待测线路的两端如果两端之间电阻值低于约 70Ω，内置蜂鸣器发声。

图 3-6 二极管测试

8. 晶体管 h_{FE} 测试

（1）将功能开关置 h_{FE} 量程。

（2）确定晶体管是 NPN 或 PNP 型，将基极 b、发射极 e 和集电极 c 分别插入面板上相应的插孔。

（3）显示器上将读出 hFE 的近似值，测试条件：万用表提供的基极电流 Ib-10μA，集电极到发射极电压为 $V_{ce} = 2.8V$。

3.4 功率表

功率表也称瓦特表，它是电动系仪表，用于直流电路和交流电路中测量电功率，其测量结构主要由固定的电流线圈和可动的电压线圈组成，电流线圈与负载串联，反映负载的电流；电压线圈与负载并联，反映负载的电压。功率表有低功率因数功率表和高功率因数功率表。电路实验室中用到两种型号的功率表：D34—W 型功率表，属于低功率因数功率表，$\cos\varphi = 0.2$；D51 型功率表，属于高功率因数功率表，$\cos\varphi = 1$。本实验室中采用的功率表是后者，如图 3-7 所示。其额定电压（V）为：0—75—150—300—600V，额定电流（A）为：0—2.5—5A。

3.4.1 功率表的使用

1. 正确选择功率表的量程。

选择功率表的量程就是选择功率表中的电流量程和电压量程。使用时应使功率表中的电流表程不小于负载电流，电压量程不低于负载电压，而不能仅从功率量程来考虑。例如，两只功率表，量程分别是 1A、300V 和 2A、150V，由计算可知其功率量程均为 300W，如果要测量一负载电压为 220V、电流为 1A 的负载功率时应选用 1A、300V 的功率表，而 2A、150V 的功率表虽功率量程也大于负载功率，但是由于负载电压高于功率表所能承受的电压 150V，故不能使用。所以，在测量功率前要根据负载的额定电压和额定电流来选择功率表的量程。

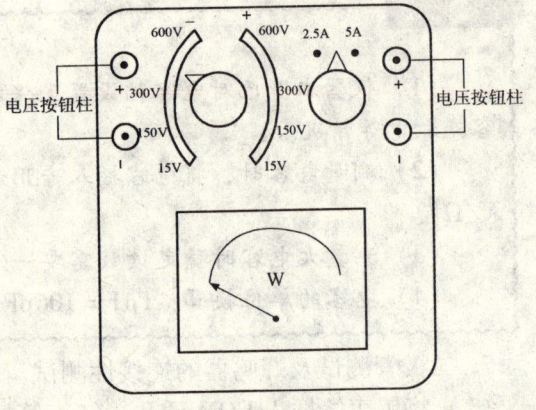

图 3-7 功率表的使用

2. 正确连接测量线路。

电动系测量机构的转动力矩方向和两线圈中的电流方向有关，为了防止电动系功率表的指针反偏，必须正确接线。表盘上标记"﹡"的端钮称为电流线圈和电压线圈的输入端（或对应端）。电流线圈与负载串联，其发电机端"I"要和电源一端相接；电压线圈与负载并联，其发电机端"U"要接在和电流线圈等电位处，即接在"﹡I"端或"I"端，这样才能保证两线圈的电流都从发电机端流入，使功率表指针作正向偏转。

3. 正确读数。

一般安装式功率表为直读单量程式，表上的示数即为功率数。但便携式功率表一般为多量程式，在表的标度尺上不直接标注示数，只标注分格。在选用不同的电流与电压量程时，每一分格都可以表示不同的功率数。在读数时，应先根据所选的电压量程 U_N、电流量程 I_N 以及标度尺满量程时的格数 α_m，求出每格瓦数（又称功率表常数）C，然后再乘上指针偏转的指示格数，就可得到所测功率 P，即

普通功率表的功率常数：

$$C = \frac{U_N I_N}{\alpha_m}$$

式中，U_N 为电压线圈额定量程；I_N 为电流线圈额定量程，α_m 为标尺满刻度总格数。被测功率：

$$P = C\alpha$$

式中，P 为被测功率，单位为瓦特（W）；C 为电表功率常数，单位 W/格，α 为电表偏转指示格数。

例 如

有一只电压量程为 250V，电流量程为 3A，标度尺分格数为 75 的功率表，现用它来测量负载的功率。当指针偏转 50 格时负载功率为多少？

解：先计算功率表常数 C：

$$C = U_N I_N / \alpha_m = 250\text{V} \times 3\text{A}/75\ \text{格} = 10\text{W}/\text{格}$$

故被测功率为：

$$P = C\alpha = 10\text{W}/\text{格} \times 50\ \text{格} = 500\text{W}$$

3.4.2 使用功率表应注意事项

1. 功率表在使用过程中应水平放置。
2. 仪表指针如不在零位时，可利用表盖上零位调整器调整。
3. 测量时，如遇仪表指针反向偏转，应改变仪表面板上的"+"、"-"换向开关极性，切忌互换电压接线，以免使仪表产生误差。
4. 功率表与其他指示仪表不同，指针偏转大小只表明功率值，并不显示仪表本身是否过载，有时表针虽未达到满度，只要 U 或 I 之一超过该表的量程就会损坏仪表。故在使用功率表时，通常需接入电压表和电流表进行监控。
5. 功率表所测功率值包括了其本身电流线圈的功率损耗，所以在作准确测量时，应从测得的功率中减去电流线圈消耗的功率，才是所求负载消耗的功率。
6. D51 型功率表量程、内阻、每格所代表的功率值如表 3-3 所示：

表 3-3 功率表量程、内阻、每格所代表的功率值

		D51 型功率表				
		电压量程				内阻
		75V	150V	300V	600V	
电流量程	0.25A	0.25W	0.50W	1.00W	2.00W	7.29 Ω
	0.5A	0.50W	1.00W	2.00W	4.00W	1.88 Ω

3.5 双路直流稳压电源 YB1713

双路直流稳压电源 YB1713 具有双路直流输出，输出电压为 0～32V，输出电流为 0～2A；显示方式为指针指示；具有稳流、稳压功能；双路具有跟踪功能，串联跟踪可产生 64V 电压；纹波及噪声较小；输出调节分辨率高；具有过载短路保护功能。

3.5.1 面板控制件作用说明

双路直流稳压电源 YB1713 的面板如图 3-8 所示。

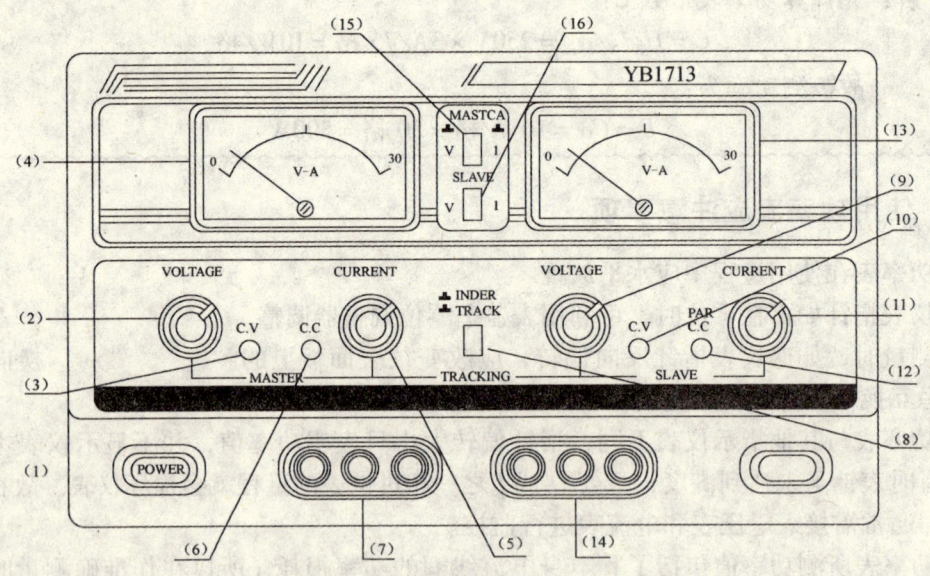

图 3-8 双路直流稳压电源 YB1713

(1) 电源开关（POWER）

将电源开关按键弹出即为"关"位置，将电源线接入，按电源开关，以接通电源。

(2) 电压调节旋钮（VOLTAGE）

单路直流稳压电源中，此为输出电压粗调旋钮。多路直流稳压电源中，此为主路（左侧为主路，右侧为从路）电压调节旋钮。顺时针调节，输出电压由小变大，逆时针调节，输出电压由大变小。

(3) 恒压指示灯（C.V）

当此路处于恒压状态时，C.V 指示灯亮。

(4) 显示窗口

单路稳压电源中，此为电压显示器，显示输出电压值。多路稳压电源中，此窗口显示主电路（左侧）输出电压或电流。

(5) 电流调节旋钮（CURRENT）单路稳压电源中，此为输出电压细调旋钮。

多路稳压电源中，此为主路（左侧为主路，右侧为从路）电流调节旋钮，顺时针调节，输出电流由小变大，逆时针调节，输出电流由大变小。

(6) 恒流指示灯（C.C）

单路稳压电源中，无此指示灯。

多路稳压电源中，当主路处于恒流状态时，此灯亮。

(7) 输出端口

单路稳压电源，此为输出端口，有两个接线柱为正、负输出端口（红柱为正、绿柱为负）。

多路稳压电源，此为主路输出端口（红柱为正、绿柱为负）。

(8) 跟踪（TRACK）

单路稳压电源中，无此功能。

多路稳压电源中，当此开关按如，主路与从路的输出正端相连，为并联跟踪；调节主路电压或电流调节旋钮，从路的输出电压（或电流）跟随主路变化，主路的负端接地，从路的正端接地，为串联跟踪。

(9) 电压调节旋钮（VOLTAGE）

单路稳压电源中，此为电流粗调旋钮。

多路稳压电源中，此为从路输出电压的调节旋钮。顺时针调节，输出电压由小变大，逆时针调节，输出电压由大变小。

(10) 恒压指示灯（C.V）

单路稳压电源中，无此指示灯。

多路稳压电源中，此为从路恒压指示灯，当从路处于恒压状态时，此灯亮。

(11) 电流调节旋钮（CURRENT）

单路稳压电源中，此为电流细调旋钮。

多路稳压电源中，此为从路电流调节旋钮，顺时针调节，输出电流由小变大，逆时针调节，输出电流由大变小。

(12) 恒流指示灯（C.C）

单路稳压电源中，此为恒流指示灯，当输出处于恒流状态时，此灯亮。多路稳压电源中，此为从路恒流指示灯。

(13) 显示窗口

单路稳压电源中，此为电流显示窗口。多路稳压电源中，此为从路输出电压（或电流）指示窗口。

(14) 输出端口

单路稳压电源中，无此窗口。多路稳压电源中，此为从路输出端口。

(15) 主路电压/电流开关（V/I）

单路稳压电源无此开关。

多路稳压电源中：此开关弹出，左边窗口显示为主路输出电压值；此开关按入，左边窗口显示为主路输出电流值。

(16) 从路电压/电流开关（V/I）

单路稳压电源无此开关。

多路稳压电源中：此开关弹出，右边窗口显示为从路输出电压值；此开关按入，右边窗口显示为从路输出电流值。

3.5.2 基本操作方法

打开电源开关前先检查输入的电压，将电源线插入后面板上的交流插孔，如表3-4所示设定各个控制键。

表3-4 各控制键位置

电源（POWER）	电源开关弹出
电压调节旋钮（VOLTAGE）	调至中间位置
电流调节旋钮（CURRENT）	调至中间位置
电压/电流开关（V/I）	置弹出位置
跟踪开关 TRACK	置弹出位置
＋ GND －	"－"端接 GND

所有控制键如上设定后，打开电源。做实验之前需要作如下检查：

(1) 调节电压调节旋钮，显示窗口显示的电压值应相应变化。顺时针调节电压调节旋钮，指示值有小变大；逆时针调节，指示值由大变小。

(2) 输出端口应有输出。

(3) 电压/电流开关按入，表头指示值应为零，当输出端口接上相应的负载，表头应有指示。顺时针调节电流调节旋钮，指示值有小变大；逆时针调节，指示值由大变小。

(4) 跟踪开关按入，主路负端接地，从路正端接地。此时调节主路电压调节旋钮。从路的显示窗口显示应同主路相一致。

3.6 通用示波器 DC4322B

示波器是一种用途极广的电子测量仪器，能直接观察电信号的波形，测量电流、电压、位相和频率，凡是可转化为电压（或电流）的电学量和非电量都能直接用示波器来观察。

示波器的规格和型号很多，但不论什么示波器都包括以下几个基本组成部分：示波管（又称阴极射线管）、放大与衰减电路、锯齿波发生器、整流电源等。

实验中使用的示波器 DC4322B 是双踪示波器，Y_1 和 Y_2 两路，可同时观测两路波形。具有如下特点：

（1）高灵敏度：最高可达 1mV/DIV。
（2）大矩形屏幕内刻度示波管：有效观测面积大，且消除了视差。
（3）DC 偏置：当输入波形幅度较大时，借助数字万用表可以方便精确地测量波形任何部分的幅值。
（4）交替扩展：可同时观测 ×1 和 ×10 两种扫描波形。
（5）交替触发：当需同时观测两个不同频率的波形时，各通道的波形均能稳定触发。
（6）TV 同步：机内采用了新颖的电视同步分离电路，可稳定的观察 TV 信号。
（7）自动聚焦：测量过程中聚焦电平可自动校正。

3.6.1 DC4322B 的技术性能

通用示波器 DC4322B 的技术性能如表 3-5 所示。

表 3-5 DC4322B 的技术性能

	1. 垂直偏转系统
（1）偏转因数	5mV/div ~5V/div
	1-2-5 进制　10 档
	误差：±3%（10~35℃）　±5%（0~40℃）
	扩展：×5
	误差：±5%（10~35℃）　±10%（0~40℃）
（2）带宽	DC~20MHz

续表

(3) 扩展后带宽		DC~7MHz
(4) 上升时间		17.5ns
(5) 输入阻抗		1MΩ，30pF
(6) 最大输入电压		300V（DC+ACp-p），400Vp-p（1kHz）
(7) 显示方式		Y_1、Y_2（常态和倒相）、交替、断续、相加、X-Y
(8) 输入耦合		AC、GND、DC
2. 水平偏转系统		
(1) 扫描时间因数		0.2μs/div~0.2s/div 按1-2-5进制19档
(2) 误差		±3%（10~35℃）±5%（0~40℃）
(3) 扩展		×10（最大扫描速率100ns/div）
(4) 扩展后误差		±5%（10~35℃）±10%（0~40℃）
3. 触发系统		
(1) 触发方式		自动、常态、TV
(2) 触发源		内（Y_1、Y_2、组合）、电源、外
(3) 触发极性		正（+）、负（-）
(4) TV同步极性		负（-）
(5) 外触发输入阻抗		1MΩ，30pF
4. Z轴输入系统		
(1) 带宽		DC~2MHz
(2) 输入阻抗		47kΩ
(3) 最大输入电压		30V（DC+ACp-p）
5. 校正方波		
(1) 频率		1kHz±2%
(2) 幅度		0.5±2%
6. X-Y工作（Y_1-水平、Y_2-垂直）		
(1) 偏转因数		同垂直偏转因数
(2) X带宽		DC~500kHz
(3) 相位差		小于3度（DC~50kHz）
7. 其他		
(1) 功耗		35W
(2) 外形尺寸（W×H×D）		310×130×370
(3) 重量		7kg
8. 触发特性		

触发频率	触发灵敏度		
	内	外	组合方式
20Hz~2MHz	0.6 div	200mV	2 div
2MHz~20MHz	1.5 div	800mV	3 div

3.6.2 DC4322B 示波器面板说明

通用示波器 DC4322B 的前面板和后面板如图 3-9、3-10 所示。

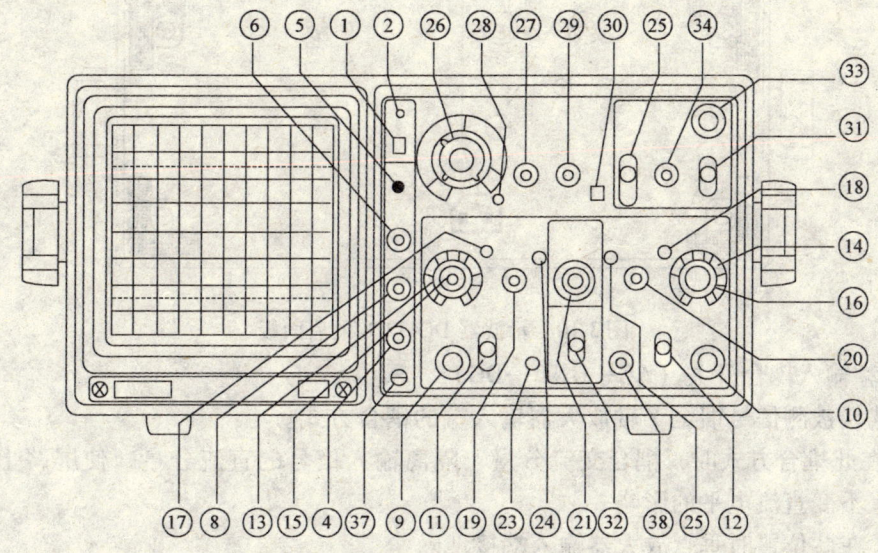

图 3-9 示波器 DC4322B 的前面板

① 电源开关（POWER）

② 电源指示灯

③ 聚焦控制（FOCUS）用于调节聚焦直至扫描线最细。虽然在调节亮度时聚焦能自动调整，但有时要用手调节以便获得最佳聚焦效果。

④ 刻度照明控制（ILLUM）

⑤ 基线旋转（TRACE ROTATION）

用于调节扫描线使其和水平刻度线平行，以克服外磁场变化带来的基线倾斜。用螺丝刀调节。

⑥ 辉度控制（INTENSITY）顺时针旋转，辉度增加。

⑦ 保险丝盒（FUSE）内装 1 保险丝（BGXP—I—20—1）。

⑧ 电源插座（AC INLET）

⑨ 通道 1 输入端（Y_1 INPUT）

被测信号由此输入 Y_2 通道。当示波器工作在 X—Y 方式时，输入到此端的信号作为轴信号。

⑩ 通道 2 输入端（Y_2 INPUT）

被测信号由此输入 Y_2 通道。当示波器工作在 X-Y 方式时，输入到此端的信号作为轴信号。

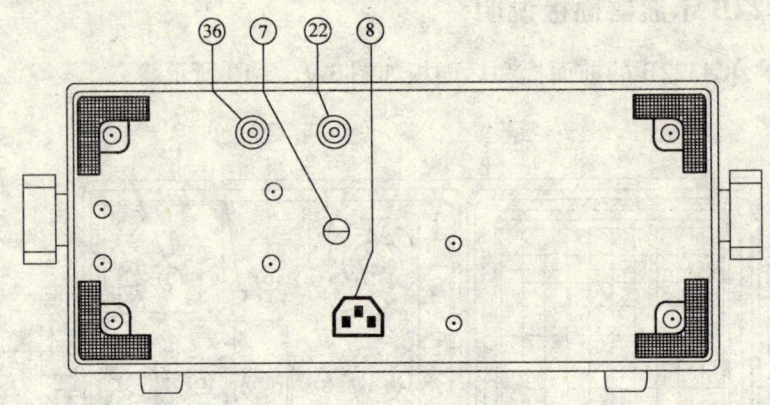

图 3-10 示波器 DC43228 的后面板

⑪和⑫ 输入耦合开关（AC—GND—DC）

用以选择被测信号馈至 Y 轴放大器输入端的耦合方式。

AC：在此耦合方式时，耦合交流分量，隔离输入信号的直流分量，使屏幕上显示的信号波形位置不变直流电平的影响。

GND：在此位置时垂直放大器输入端接地。

DC：在此耦合方式时，输入信号直接加到垂直放大器输入端，其中包括直流成分。

⑬和⑭ 伏/度选择开关（VOLTS/DIV）

用于选择垂直偏转因数。可以方便地观察到垂直放大器上的各种幅度范围的波形。

当使用 10∶1 输入探极时，要将屏幕显示幅度值 ×10。

⑮和⑯ 微调/扩展控制开关（VAR PULL ×5 GAIN）

当旋转微调钮时，可小范围地连续改变垂直偏转灵敏度。将此旋钮反时针旋到底，其变化范围大于 2.5 倍。

此旋钮用于比较波形或同时观察两个通道方波上升时间。通常将这个旋钮顺时针旋到底（校准位置）。

当此旋钮被拉出时，垂直系统的增益扩展 5 倍，最高灵敏度达 1mV/div。

⑰和⑱ 不校准灯（UNCAL）

灯亮表示微调旋钮没有处在校准位置。

⑲ 位移/直流偏量（POSITION）/（PULL DC OFFSET）

位移用于调节屏幕上 Y_1 信号垂直方向的位移。

顺时针旋转扫描线上移，逆时针旋转扫描线下移。拉出此旋钮可测得显示波形各部分的幅值（通常这个旋钮是按进去的）。

⑳ 位移/拉一倒相（POSITION）/（PULL INVERT）

位移用于调节屏幕上 Y_2 信号垂直方向的位移。拉出旋钮，输入到 Y_2 的信号极性被倒相。当仪器处于（Y_1）+（Y_2）的方式时，利用该功能即可得到（Y_1）－（Y_2）的信号差。

㉑ 工作方式开关（MODE）

用于选择垂直偏转系统的工作方式。

Y_1：只有加到 Y_1 通道的信号能显示。

Y_2：只有加到 Y_2 通道的信号能显示。

交替（ALT）：加到 Y_1 和 Y_2 通道的信号能交替显示在荧光屏上，这个工作方式通常用于观察加在两通道上信号频率较高的情况。

断续（CHOP）：在这个工作方式时，加到 Y_1 和 Y_2 的信号受约 250kHz 自激振荡电子开关的控制 同时显示在荧光屏上。这个方式用于观察两通信号频率较低的情况。

相加（AD）：显示加到 Y_1 和 Y_2 上信号的代数和。

㉒ Y_1 输出插口（Y_1 OUTPUT）

输出了 Y_1 通道信号的取样信号。

㉓ 直流偏置电压输出插口（DC OFFSET VOLT OUT）

当仪器置于直流偏置（DC OFFSET）方式时，在此插口配接数字万用表，可直接读出被测量的电压值（除×5扩展不校正外）。

㉔和㉕ 直流平衡调节控制（DC BAL）

用于直流平衡调节，方法如下：

a. 置 Y_1 和 Y_2 输入耦合开关接地，置触发方式开关为自动，然后移扫描线到刻度中心（垂直方向）。

b. 将 V/DIV 开关在 5mV 和 10mV 档之间变换，调直流平衡，直至扫描线无任何位移即可。

㉖ 扫描时间选择开关（TIME/DIV）

用于选择扫描时间因数，从 0.2μs～0.2s/DIV 共 19 档。

置"X—Y"位置时，示波器工作在 X—Y 状态（此时应关闭水平扩展开关）。

㉗ 扫描微调（SWP VAR）

此旋扭开关在校正位置时，扫描因数从 TIME/DIV 读出。当开关不在校正位置时，可连续微调扫描因数。反时针旋转到底时扫描因数扩大 2.5 倍以上。

㉘ 扫描不校正灯（SWP UNCAL）

灯亮表示扫描因数不在校正位置。

㉙ 位移/扩展（POSITION/PULL×10MAG）

未拉出时用于水平移动扫描线；拉出后将扫描扩展 10 位，即 TIME/DIV 开关指出的是实际扫描时间的 10 倍。

㉚ Y_1 交替扩展（Y_1 ALT MAG）

通道 1 的输入信号能以 ×1（常态）和 ×10（扩展）两种扫描形式上下交替显示。

㉛ 触发源选择开关（SOURCE）

用于选择扫描触发信号源，分下述 3 种：

内（INT）：取加到 Y_1 或 Y_2 的信号作为触发源；

电源（LINE）：取交流电源信号作为触发源；

外（EXT）：取加到外触发输入端的外触发信号作为触发源。用于特殊信号的触发。

㉜ 内触发选择开关（INT TRIG）

本开关是用于选择不同的内触发信号源。

Y_1：取加到 Y_1 的信号作触发信号。Y_2：取加到 Y_2 的信号作触发信号。

组合方式（VERT MODE）：用于同时观察两个波形，同步触发信号交替取自 Y_1 和 Y_2。

㉝ 外触发输入插座（TRIG IN）用于外触发信号的输入。

㉞ 触发电平控制（LEVEL）（PULL SLOPE）

a. 通过调节触发电平可确定波形扫描的起始点；

b. 按进去为正极性触发（常用），拉出来为负极性触发。

㉟ 触发方式选择（TRIG MODE）

自动（AUTO）：本状态下仪器在有触发信号时，同正常的触发扫描，波形可稳定显示。在无信号输入时，可显示扫描线。

常态（NORM）：有触发信号时才产生扫描；在没有信号和非同步状态情况下，没有扫描线。当信号频率很低（5Hz 以下）影响同步时，宜采用本触发方式。

电视场（TV—V）：用于观察电视信号中的全场信号波形。

电视行（TV—H）：用于观察电视信号中的行信号波形。

注：TV—V 和 TV—H 触发仅适用于负同步信号的电视信号。

㊱ 外增辉输入（EXT BLANKING）

辉度调节信号输入端。与机内直流耦合。加入正信号时辉度降低，加入负信号时辉度增加。常态下 5V p-p）的信号就能产生明显的调节。

㊲ 校正方波输出（CAL0.5V）

0.5V、1kHz 方波信号的输出端。

㊳ 接地端（GND）

3.6.3 示波器使用方法

示波器有很多功能：可观察波形，测量频率和周期，用来测量直流和交流电压，可测量时间差，常用的就是测量频率、周期与交流电压。

1. 直流电压的测量

将输入耦合开关置于"GND"位置，确定零电平的位置，置 V/DIV 开关于适当位置，并将输入耦合开关置"DC"位置,观察此时扫描线的移动格数,信号的直流电压为 V/DIV 数值与格数的乘积:V/DIV × 移动格数

> **例如**
>
> V/DIV 开关打在 5mV 位置,移动格数为 2 格,即 5×2 = 10mV

2. 交流电压的测量:

将输入耦合开关置于"AC"位置,观察屏幕上波形在垂直方向显示的幅度,信号电压为 V/DIV 与显示格数的乘积,即 V/DIV × 格数(峰—峰值)。

3. 频率和周期的测量:

将输入耦合开关置于"AC"位置,观察信号波形一个周期在水平方向所占格数,则信号周期为 T/DIV 与格数的乘积,信号频率为周期的倒数。

> **例如**
>
> T/DIV 为 1ms 波形一个周期站一个格。即 T = 1ms 则 f = 1/T = 1000Hz

4. 时间差的测量

首先应确定触发信号源,一般总是选相位超前的信号作为触发源,否则被测部分波形有时会超出屏面外。

利用触发源选择开关和内触发选择开关可以方便地选择出基准触发信号源。调有关控制钮使两信号波形在屏幕上稳定显示后,测出两波形各自 50% 幅度点间的水平间隔即为时间差。

5. 上升(下降)时间的测量

进行此项测量时需注意,实测值中还包含有示波器本身的上升时间,若被测脉冲上升时间比示波器的上升时间足够长时,则示波器上升时间可忽略不计,若相差不多,则被测脉冲的上升时间应按下式计算:

$$T_n = \sqrt{(t_r)^2 - (t_0)^2}$$

式中:T_n——被测脉冲上升时间;t_r——屏幕显示的上升时间;t_0——示波器本身上升时间(技术性能中已给出)。

上升和下降时间均为脉冲 10%~90% 幅度之间的时间宽度。示波器在内刻屏幕上标有 0%、10%、90%、100% 的坐标,便于测量。

6. 两个波形的同步观察

(1)当 Y_1 和 Y_2 通道的两个信号具有相同频率、整数倍频率或时间差时,内触发选择开关可以任意选 Y_1 和 Y_2 的信号作为基准信号。

(2) 当 Y_1 和 Y_2 通道的两个信号频率不同且不成整数倍关系时，内触发选择开关应置于组合方式，这样同步触发信号交替选择，使每个通道都能稳定触发。

当微调旋钮⑮和⑯被拉出时（置扩展×5方式），内触发不宜采用组合方式。

7. 直流偏置功能的测量

接出旋钮⑲，在输出插口㉓端接上数字万用表，示波器即置于直流偏置测量工作状态。

(1) 测量直流分量

设有一如图3-11所示的信号波形。将电平b移到与垂直刻度中心线重合，这时数字万用表显示的电压值即为该信号的直流分量（显示+2V）。

(2) 测量交流分量

将图中电平a移到与中心刻度线重合，读出数字万用表的显示值 V_a；再次将电平c移至与中心刻度线重合，读出显示值 V_c，则 V_a 和 V_c 的差值即为信号波形的峰峰值。

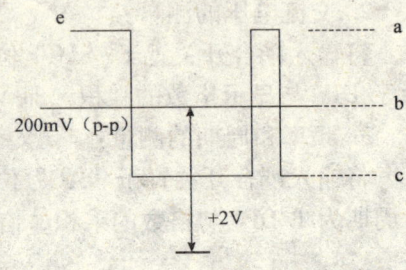

图3-11 测量直流分量的信号波形

(3) 偏置电压范围

表3-6 偏置电压范围

V/div	直流偏置电压（DC OFFSET）
5mV/div ~ 50mV/div	大于±1V（×1）
0.1V/div ~ 0.5V/div	大于±10V（×10）
1V/div ~ 5V/div	大于±100V（×100）

用数字万用表测量后，将数字表上的读数乘上括号里的倍数即为实测值。

8. 游标测量功能

利用游标移位键将参考游标和测量游标移到欲测的两点上，便可在屏幕上直接读出两点间的幅值及时间差。其余操作同一般测量。

> **注意事项**
>
> 1. 仪器的工作环境温度为 0~40℃，温度范围为 20%~90%RH。
> 2. 仪器使用电源为 220V±5% 的交流电源。
> 3. 若保险丝过载熔断，应仔细检查原因，排除故障，然后按规定换用保险丝。切勿乱用在流量和长度不符合规格的保险丝！
> 4. 各输入端所加电压不得超过规定值。各输入端的耐压以及经探头最高允许输入电压如表3-7所示。

注意事项

5. 进行机内清洁打开盖板时，必须先拔下电源插头。由于机内有上万伏高压，非专业修理人员严禁打开盖板，带电检修。

6. 不要将仪器置于附近有强磁场的地方使用。

7. 为了保证仪器的测量精度，仪器每工作 1000 小时即要校准一次；若使用时间较少，则应每年校准一次。

8. 为了避免测量误差，在测量前应将探极进行检查和校正。校正方法是：将探极接到校正方波输出端，调整探极上校正孔的补偿电容，直到屏幕上显示的方波为平顶。

9. 当测量高速脉冲信号或高频信号时，探及接地点要靠近被测点，否则有可能引起波形畸变。

10. 当使用较长的屏蔽线输入信号时，屏蔽线本身的分布电容有可能影响测量的准确性。

表 3-7　各输入端的耐压值

输入位置	最高电压幅值
Y_1，Y_2 直接输入	300V（DC + AC$_{p-p}$，频率 1kHz）
Y_1，Y_2 ×10 探头输入	400V（DC + AC$_{p-p}$，频率 1kHz）
Y_1，Y_2 ×1 探头输入	300V（DC + ACp-p，频率 1kHz）
外触发输入	300V（DC + ACp-）
外消隐	30V（DC + ACp – p）

3.7　调压器

调压器英文名（Booster），是一种能给负载以可调电压的调压电源。它能转变一不可调节的电网配电电压，为任一可在一定范围内平滑无级调节的负载电压。根据电磁原理与结构的不同，分为油浸式调压器、自耦调压器、感应调压器、柱式电动调压器和晶闸管调压器五种。自动调压器是一种能给负载以稳定电压的稳压电源。在电网电压和负载电流不断变动的情况下，它能转变一不稳定的配电电压，为可在一定精度范围的电压。自动调压器主要由特殊设计的调压器和自动控制器组成，是一种闭环控制系统的装置。特殊设计的调压器形成装置的主回路，自动控制器形成装置的控制系统。由于主回路调压器的不同，有感应自动调压器、接触自动调压器、净化稳压器之分。调压器与自动调压器广泛应用于工农业生产、交通运输、电讯、广播电视、国防、军工、医疗卫生、科学实验和家用电器等方面。各种型式的调压器和自动调压器主要特点和用途见表3-8和表3-9；柱式接触调压器、柱式接触自动调压器和净化稳压器，由于性能好，技术先进，为进一步发展的产品。移圈调压器，由于技术性能较差，电磁有效材料耗量大趋于淘汰。除上述各种变压器型的和电机型的调压器和自动调压器外，尚有电子型的晶闸管交流调压器和调功器。它具有效率高、质量小、可作无触点自动控制等优点，广泛应用于调光、调速、控温和焊接等方面。

表3-8 各种型式调压器的主要特点和用途

型式		额定容量（kVA）	电压等级（kV）	调压范围（kV）	波形畸变率（%）	效率（%）	空载电流（%）	调压方式		冷却方式	主要用途
								电触点	传动机构		
接触调压器	环式	0.1~30	0.5	0~100	<3	>98	<3	有	有	干式自冷	小型通用调压电源：主要用于实验室、小型电炉、仪器仪表、家用电器、高压试验设备
	柱式	10~500								干式自冷	优质节能调压电源：主要用于电气试验、直流调速、通信、医疗仪器、整流设备等
		20~1000								油浸自冷	
感应调压器		6.3~200	0.5	5~100	<5	>96	<10	无	有	干式自冷	通用调压电源：主要用于电机电器试验、发电机励磁、整流设备、电炉控温、广泛应用于机械制造、化工、纺织、军工等行业
		500~1600	10及以下							强迫风冷	
		16~4500								油浸自冷	
磁性调压器		16~250	0.5	5~100	<5	>95	<3	无	无	干式自冷	高可靠性电炉控温电源：适用于各型电炉控温，特别适用于低电压大电流，负载易短路的场合
		5~1000								油浸自冷	
移圈调压器		1000~2250	10及以下	5~100	<5	>94	<30	无	有	油浸自冷	大容量整流可调

表3-9 各种型式自动调压器（稳压器）的主要特点和用途

型式		额定容量(kVA)	电压等级(kV)	电源电压U_1波动范围(%)	稳压精度(%)	波形畸变率(%)	抗干扰性	反应速度	效率(%)	空载电流	冷却方式	主要用途
接触调压器	环式	≤200	0.5	+20 −20 ±20	±（1~4) ±1	≤0.5	无	≥10%U_1V/S	>98.5	<3	干式自冷	小型通用稳压电源：广泛应用于实验室、医疗食品、家用电器等
	柱式	20~1000									油浸自冷	优质节能稳压电源：广泛应用于生产流水线、电梯、精密机床、广播电视、邮电通信、医疗设备、宾馆、体育场、计算机房等（可户外使用）
感应自动调压器		20~5600	10及以下	+20 −20 ±20	±1	≤3	无	≤2%U_1V/S	>97.5	<5	干式自冷、油浸自冷	一般通用稳压电源：广泛应用于工农业生产、广播电视、建筑工程等
净化稳压器		1~300	0.5	+15 −25 ±20	±（3~5)	≤0.5~1	有	1Hz	>98.5	<3	干式自冷、油浸自冷	高级抗干扰精密稳压电源：广泛应用于电子计算机、数据通信、高级医疗设备、加工中心、精密仪器、仪表等

3.7.1 调压器型号及含义

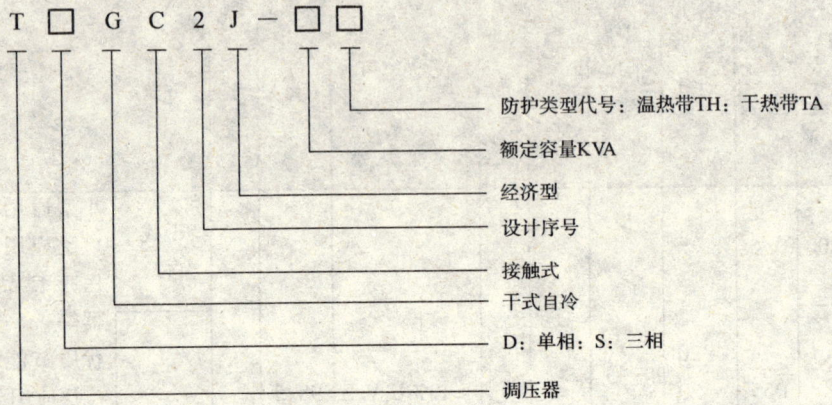

- 防护类型代号：温热带TH；干热带TA
- 额定容量KVA
- 经济型
- 设计序号
- 接触式
- 干式自冷
- D：单相；S：三相
- 调压器

3.7.2 调压器的调压范围

图片	 输入端：A、X 接线柱 输出端：a、x 接线柱	 输入端：A、B、C 接线柱 输出端：a、b、c 接线柱 中性点：O 接线柱
相数	单相	三相
频率	50Hz	50Hz
输入电压	220V±10%	380V±10%
输出电压	0~250V±10%	0~430V±10%
效率	>90%	>90%
波形失真	无附加波形失真	无附加波形失真
电气强度	1500V/min	1500V/min
绝缘电阻	单相>5MΩ	

3.7.3 调压器使用方法

1. 输入电源电压应符合调压器铭牌上额定输入电压，使用时应注意负载电流不超过额定值，否则易使调压器寿命降低甚至烧毁。
2. 输入端输出端切忌接反，同时应接上保护性地线，以确保使用安全。
3. 调压器使用之前，先把电压调节手轮调到零位，连接好线路并经老师检查后，接通电源并从零位开始逐渐升压到所需要数值。做完每一项实验之后，随手把调压器回到零位，然后断开电源。
4. 调压器不准多只并联使用。
5. 为保证调压器正常使用，定期对旋转部分及接触表面进行检查维修，此项工作一般应在不通电时进行。
6. 搬运调压器时不得使用手轮，而应将整个产品提起移动。

3.8 DGJ-3 电工技术实验装置

3.8.1 实验屏操作、使用说明

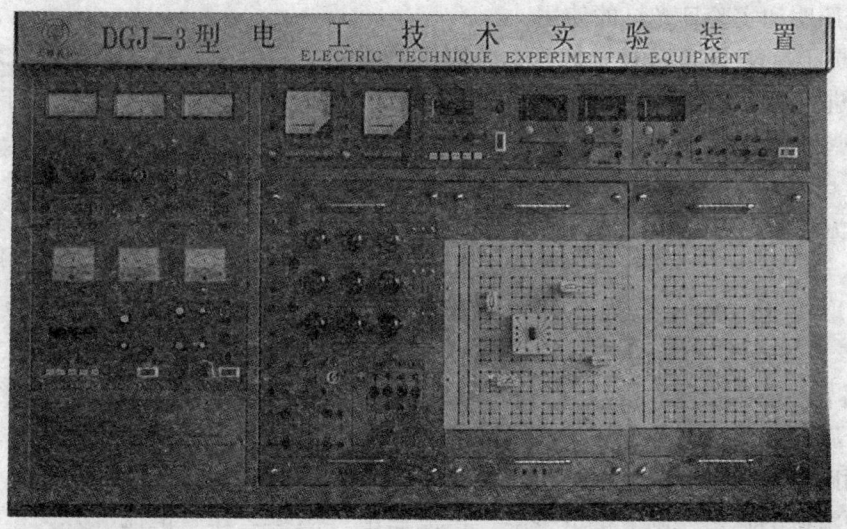

实验屏为铁质喷塑结构，铝质面板。屏上固定装置着交流电源的启动控制装置，三相电源电压指示切换装置，低压支流稳压电源、恒流源、受控源、定时兼报警记录仪、数字集成电路测试仪和各类测量仪表等。

1. 交流电源的启动

(1) 实验屏的左后侧有一根三相四芯电源线（并已接好三相四芯插头），接好机壳的接

地线，然后将三相四芯插头接通三相380V交流市电。

（2）将置于左侧面的三相自耦调压器的旋转手柄，按逆时针方向旋至零位。

（3）将三相电压表指示切换开关置于左侧（三相电源输入电压）。

（4）开启钥匙式三相电源总开关，停止按钮灯亮（红色），三只电压表（0～450V）指示出输入的三相电源线电压之值。

（5）按下启动按钮（绿色），红色按钮灯灭，绿色按钮灯亮，同时，可听到屏内交流接触器的瞬间吸合声，面板按 U_1、V_1 和 W_1 上的黄、绿、红三个 LED 指示灯亮。至此，实验屏启动完毕，此时，实验屏左侧面单相二芯220V电源插座和三相四芯380V电源插座处以及右侧面的单相三芯220V电源插座处均有相应的交流电压输出。

2. 三相可调交流电源输出电压的调节

（1）将三相"电源指示切换"开关置于右侧（三相调压输出），三只电压表指针回到零位。

（2）按顺时针方向缓缓旋转三相自耦调压器的旋转手柄，三只电压表将随之偏转，即指示出屏上三相可调电压输出端 U、V、W 两两之间的线电压之值，直至调节到某实验内容所需的电压值。实验完毕，将旋柄调回零位。并将"电压指示切换"开关拨至左侧。

（3）本电源设有过流自动保护功能，当过流时切断总电源，并发出告警信号，按复位键后，方可重新启动。

3. 用于照明和实验日光灯的使用

本实验屏上有两个30W日光灯管，分别供照明和实验使用。照明用的日光灯管通过三刀手动开关进行切换，当开关拨至上方时，日光灯管亮；当开关拨至下方时，灯管灭。实验用的日光灯管的四个引出灯实验中的灯管元件使用。

4. 低压直流稳压、恒流电源输出与调节

开启直流稳压电源带灯开关，两路输出插孔均有电压输出。

（1）将"电压指示切换"开关拨至左侧，直流指针电压表（量程为30V）指示出 U_A 口的电压值（取决于"输出选择"开关的位置）；将此开关拨至右侧，则电压表指示出 UB 口。

（2）调节"输出粗调"波段开关和"输出细调"多圈电位器按钮，可平滑地调节输出电压，调节范围为 0～30V（分三档量程切换），额定电流为1A。

（3）两路输出均设有截止保护功能。

（4）恒流源的输出与调节将负接至"恒流输出"两端，开启恒流源开关，指针式毫安表即指示输出恒电流之值，调节"输出粗调"波段开关和"输出细调"多圈电位器按钮，可在三个量程段（满度为2、20和200）连续调节输出的恒流电流值。

本恒流源虽有开路保护功能，但不应长期处于输出开路状态。

5. 定时兼报警记录仪

（1）定时器与报警记录仪是专门为学生实验考核而设置。可以调整考核时间、到达定时时间，可自动断开电源。保证考核时间的准确性；可累计操作过程中的报警次数，以考察学生的实验质量。

（2）报警器的报警功能分电流、电压表的超量程报警；内电路漏电报警；高压电源的过流、过压、报警三部分，显示的报警次数即三项报警次数的累加。

（3）操作步骤：

1）打开钥匙开关，报警开始计时 00、00、01（2、3）。

2）设置数据：按功能键，数码显示器最后一位显示 6 时，按数位键并连续不动，使小数点连续闪烁，放开后，间断的按数位键，使小数点在你所要得后三位输入 129。设好后，按确认，显示板最前位显示 6。

3）输入密码：按功能键，便显示板最后一位显示 1。按数位键并连续不动，使小数点连续闪烁后，断开，间断按数位键，使小数点在数显板的最后三位数上输入前面你所设置的数据，按确认后显示 1。

4）设置定时：按功能键，使显示板最后一位数写 1，确认后，显示您当前输入的时间并在最后一位显示 C，此即是你所设置的时间。按同样的操作方法在你所设置的时间上加上考核时间，在最后一位数写 9、确认后显示报警时刻。注意报警时间不能设置在你所设时间的前面，否则无效！

5）清除报警：按功能键，使显示板最后一位显示 3，按确认，即清除以前所有的报警次数。

6）定时时间：按功能键便最后一位显示 4，按确认后，显示定时时刻。

7）询问报警：按功能键，便显示板最后一个显示 5，按确认，查询报警次数。

8）显示当前时间：按功能键，使数显最后一位显示 7，按确认，显示当前时钟的时刻，此时所有操作结束。

（4）到定时时间后，蜂鸣器会叫一分钟再过 4 分钟后，断开电源、暗屏，若同学重新操作，必须按复位，同时蜂鸣器再响，报警时间会在原来所设置的时间上再加上 5 分钟。

3.8.2 实验组件挂箱

1. DGJ-04 交流电路实验挂箱（大）

提供单相、三相、日光灯、变压器、互感器、电镀表等实验所需的器件。灯组负载为三个各自独立的白炽灯组，可连接成 Y 行或 Δ 行两种三相负载线路，每个灯组设有三个并联的白炽灯罗口的灯座（每个灯组均设有三个开关，控制三个并联支路的通断），可插 60W 以下的白炽灯九只，各灯组均设有电流插座；日光灯实验器件有 30W 镇流器、4.7μF 电容器、启辉器插座等；铁芯变压器 1 只，50VA、220V/36V，原、副边均设有电流插座；互感器，实验时临时挂上两个空心线圈 L_1、L_2 装在滑动架上，可调节两个线圈间的距离，可将小线圈放到大线圈内，并附有大、小铁棒各 1 根及非导磁铝棒 1 根；电镀表 1 只，规格为 220V、

3/6A，实验时临时挂上，其电源线、负载进线均已接在电镀表接线架的空心接线柱上，以便接线。

2. DGJ-11 和 DGJ-12 直流实验挂箱

是由两块模板组成的，配有各种电子元件（电阻、电感、电容、电位器、可调电容、可调电感、集成块、二极管、发光二极管、稳压管等）插件。模板跟面包板功能一样。

第4章 电路元件基础知识

电路元件一般指电路中无源元件，如电阻器（简称电阻）、电感器（简称电感）、电容器（简称电容）等。这些元件的参数与其材料、结构、形状等有关，其中电感、电容等还与介质有关。几乎所有元件参数还和使用条件及环境因素有关，例如，电感、电容在直流和交流情况下工作是不完全相同的；电阻与工作温度关系密切；同样，电感、电容也与电流或电压的频率之间的关系不可分割。另外，本章还介绍了一类重要的半导体元件－二极管，为读者更好认识各种电路奠定基础。

4.1 电阻器

导电体对电流的阻碍作用称为电阻，用符号 R 表示，单位为欧姆、千欧、兆欧，分别用 Ω、$k\Omega$、$M\Omega$ 表示。电阻是电路的基本元件之一，就狭义而言就指最常见的线性二端元件。这一电路元件主要参数有电阻的标称值、准确度和额定功率。

4.1.1 电阻器的分类

1. 线绕电阻器

绕线电阻器是用镍铬线或锰铜线、康铜线绕在瓷管上制成的，分固定式和可调试两种（图4-1）。绕线电阻器的特点是阻值精度极高，工作时噪声小、稳定可靠，能承受高温，在环境温度170℃下仍能正常工作。但它体积大、阻值较低，大多在100kΩ以下。另外，由于结构上的原因，其分布电容和电感系数都比较大，不能再高频电路中使用。这类电阻通常在大功率电路中作降压或负载等用。如通用线绕电阻器、精密线绕电阻器、大功率线绕电阻器、高频线绕电阻器。

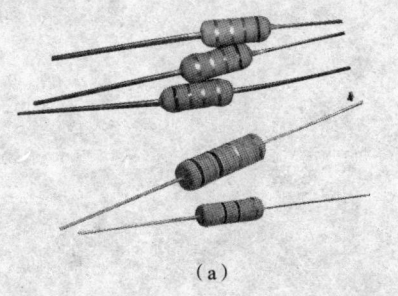

图4-1 电阻

2. 薄膜电阻器

薄膜电阻器是用蒸发的方法将一定电阻率材料蒸镀于绝缘材料表面制成。如碳膜电阻器、合成碳膜电阻器、金属膜电阻器、金属氧化膜电阻器、化学沉积膜电阻器、玻璃釉膜电阻器、金属氮化膜电阻器。

3. 实心电阻器

用导电物质、填料和黏合剂混合制成一个实体的电阻器。价格低廉,但其阻值误差、噪声电压都大,稳定性差,目前较少用。如无机合成实心碳质电阻器、有机合成实心碳质电阻器。

4. 敏感电阻器

敏感电阻是指器件特性对温度,电压,湿度,光照,气体,磁场,压力等作用敏感的电阻器。敏感电阻的符号是在普通电阻的符号中加一斜线,并在旁标注敏感电阻的类型。如压敏电阻器、热敏电阻器、光敏电阻器、力敏电阻器、气敏电阻器、湿敏电阻器。如图4-2(d)所示。

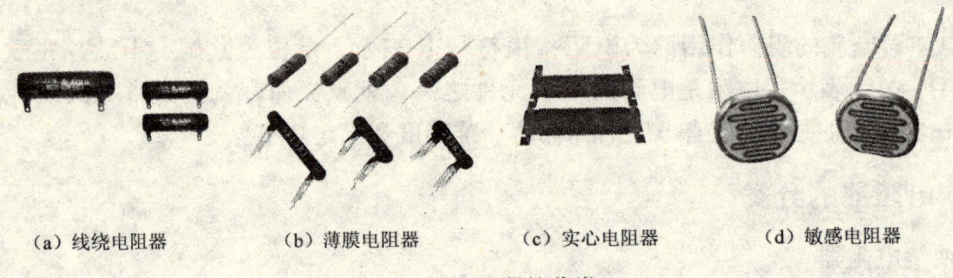

(a) 线绕电阻器　　(b) 薄膜电阻器　　(c) 实心电阻器　　(d) 敏感电阻器

图 4-2　电阻器的分类

4.1.2　电阻器的型号命名方法

第一部分：主称		第二部分：材料		第三部分：特征			第四部分：序号
符号	意义	符号	意义	符号	电阻器	电位器	
R W	电阻器 电位器	T	碳膜	1	普通	普通	对主称、材料相同，仅性能指标尺寸大小有区别，但基本不影响互换使用的产品，给同一序号；若性能指标、尺寸大小明显影响互换时，则在序号后面用大写字母作为区别代号。
		H	合成膜	2	普通	普通	
		S	有机实芯	3	超高频	—	
		N	无机实芯	4	高阻	—	
		J	金属膜	5	高温	—	
		Y	氧化膜	6	—	—	
		C	沉积膜	7	精密	精密	
		I	玻璃釉膜	8	高压	特殊函数	
		P	硼碳膜	9	特殊	特殊	
		U	硅碳膜	G	高功率	—	
		X	线绕	T	可调	—	
		M	压敏	W	—	微调	
		G	光敏	D	—	多圈	
		R	热敏	B	温度补偿	—	
				C	温度测量	—	
				P	旁热式	—	
				W	稳压式	—	
				Z	正温度系数	—	

例如

RT11 型表示普通碳膜电阻器；RJ71 是精密金属膜电阻器。

4.1.3　电阻器的主要特性参数

1. 标称阻值：电阻器上面所标示的阻值。

2. 允许误差：标称阻值与实际阻值的差值跟标称阻值之比的百分数称阻值偏差，它表示电阻器的精度。允许误差与精度等级对应关系如下：±0.5% - 0.05、±1% - 0.1（或00）、±2% - 0.2（或0）、±5% - Ⅰ级、±10% - Ⅱ级、±20% - Ⅲ级

3. 额定功率：在正常的大气压力 90～106.6kPa 及环境温度为 -55℃～+70℃ 的条件下，电阻器长期工作所允许耗散的最大功率。

线绕电阻器额定功率系列为（W）：1/20、1/8、1/4、1/2、1、2、4、8、10、16、25、40、50、75、100、150、250、500。

非线绕电阻器额定功率系列为（W）：1/20、1/8、1/4、1/2、1、2、5、10、25、

50、100。

4. 额定电压：由阻值和额定功率换算出的电压。

5. 最高工作电压：允许的最大连续工作电压。在低气压工作时，最高工作电压较低。

6. 温度系数：温度每变化1℃所引起的电阻值的相对变化。温度系数越小，电阻的稳定性越好。阻值随温度升高而增大的为正温度系数，反之为负温度系数。

7. 老化系数：电阻器在额定功率长期负荷下，阻值相对变化的百分数，它是表示电阻器寿命长短的参数。

8. 电压系数：在规定的电压范围内，电压每变化1伏，电阻器的相对变化量。

9. 噪声：产生于电阻器中的一种不规则的电压起伏，包括热噪声和电流噪声两部分，热噪声是由于导体内部不规则的电子自由运动，使导体任意两点的电压不规则变化。

4.1.4 电阻器阻值标示方法

1. 直标法

电阻器的直标法是将电阻器的类别、标称电阻值及允许偏差、额定功率以及其他主要参数的数值直接标志在电阻器外表面上。目前，国产电阻器直标法是用文字、数字符号两者有规律地组合起来标志电阻器的标称阻值。文字符号标志电阻器标称阻值实例见图4-3，仅供参考。

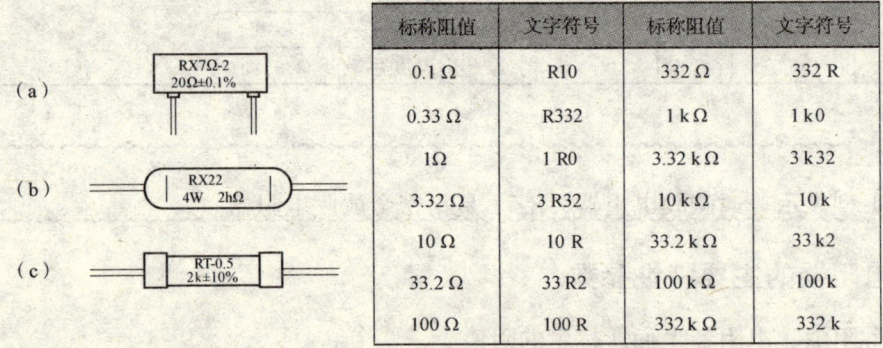

标称阻值	文字符号	标称阻值	文字符号
0.1 Ω	R10	332 Ω	332 R
0.33 Ω	R332	1 kΩ	1k0
1 Ω	1 R0	3.32 kΩ	3 k32
3.32 Ω	3 R32	10 kΩ	10k
10 Ω	10 R	33.2 kΩ	33 k2
33.2 Ω	33 R2	100 kΩ	100k
100 Ω	100 R	332 kΩ	332 k

图 4-3 电阻器阻值的直标法

2. 色标法：

色标法就是用不同颜色的带或点在电阻器表面标出标称阻值和允许偏差。国外电阻大部分采用色标法。色标法常见有四色环法和五色环法。四色环法一般用于普通电阻器标注，四色环电阻器色环标注意义为：从左到右第一、二位色环表示其有效值，第三位色环表示乘数，即有效值后面零的个数，第四位表示允许误差。五环色标法一般用于精密电阻器标注，五色环电阻器色环标注意义为：从左到右第一、第二、第三位色环表示其有效值，第四位色环表示乘数，第五位色环表示允许偏差。色标法数值读取方法如图4-4所示。上边是四色环表示,下边是五色环表示。

> **例如**
>
> 一只四色环标注的电阻器,第一圈(有效数字)为黄,第二圈(有效数字)为紫,第三圈(倍乘)为橙,第四圈(允许误差)为银,参照图4-1,则该电阻为47kΩ±10%的电阻。

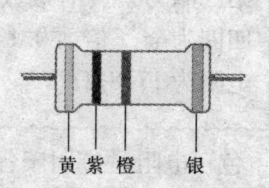

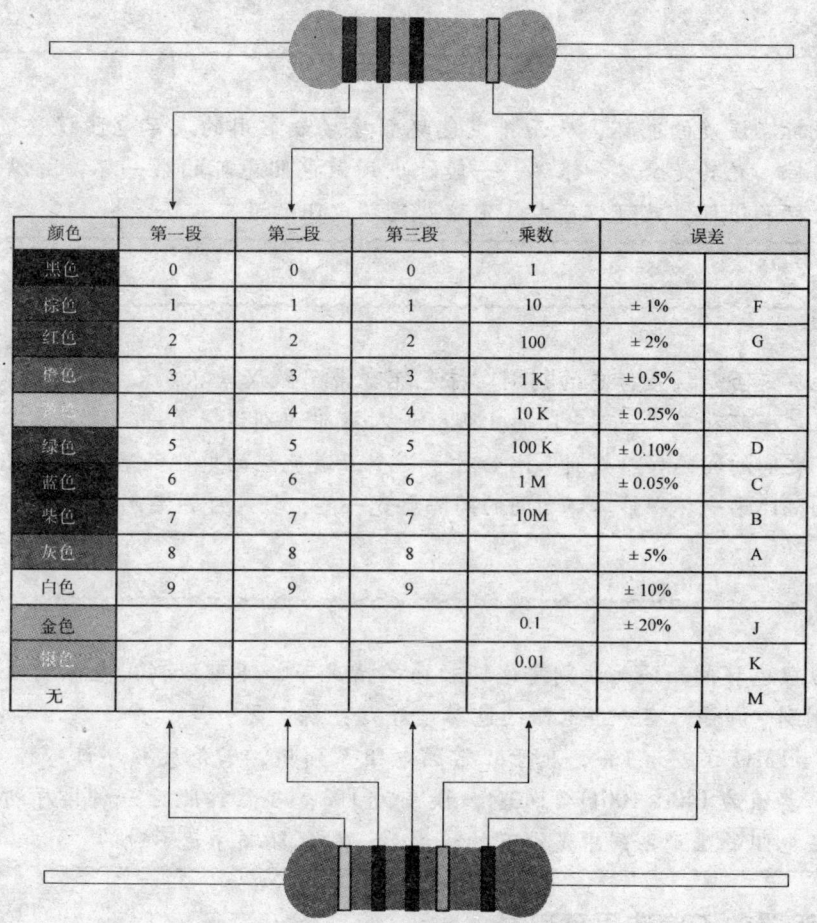

颜色	第一段	第二段	第三段	乘数	误差	
黑色	0	0	0	1		
棕色	1	1	1	10	±1%	F
红色	2	2	2	100	±2%	G
橙色	3	3	3	1 K	±0.5%	
黄色	4	4	4	10 K	±0.25%	
绿色	5	5	5	100 K	±0.10%	D
蓝色	6	6	6	1 M	±0.05%	C
紫色	7	7	7	10M		B
灰色	8	8	8		±5%	A
白色	9	9	9		±10%	
金色				0.1	±20%	J
银色				0.01		K
无						M

图4-4 色标法数值读取示意图

例如

一只五色环标注的电阻器,第一圈为棕(有效数字1),第二圈为紫(有效数字7),第三圈为灰(有效数字8),第四圈为金(倍乘0.1),第五圈为棕(允许误差),则该电阻为17.8kΩ。

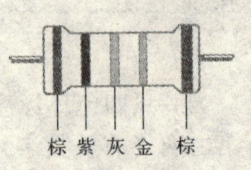

棕紫灰金 棕

色环电阻是应用于各种电子设备的最多的电阻类型,无论怎样安装,维修者都能方便的读出其阻值,便于检测和更换。但在实践中发现,有些色环电阻的排列顺序不甚分明,往往容易读错,在识别时,可运用如下技巧加以判断:

技巧1

先找标志误差的色环,从而排定色环顺序。最常用的表示电阻误差的颜色是:金、银、棕,尤其是金环和银环,一般绝少用做电阻色环的第一环,所以在电阻上只要有金环和银环,就可以基本认定这是色环电阻的最末一环。

技巧2

棕色环是否是误差标志的判别。棕色环既常用做误差环,又常作为有效数字环,且常常在第一环和最末一环中同时出现,使人很难识别谁是第一环。在实践中,可以按照色环之间的间隔加以判别:比如对于一个五道色环的电阻而言,第五环和第四环之间的间隔比第一环和第二环之间的间隔要宽一些,据此可判定色环的排列顺序。

技巧3

在仅靠色环间距还无法判定色环顺序的情况下,还可以利用电阻的生产序列值来加以判别。例如,有一个电阻的色环读序是:棕、黑、黑、黄、棕,其值为:100×10000=1MΩ 误差为1%,属于正常的电阻系列值,若是反顺序读:棕、黄、黑、黑、棕,其值为140×100Ω=140Ω,误差为1%。显然按照后一种排序所读出的电阻值,在电阻的生产系列中是没有的,故后一种色环顺序是不对的。

4.1.5 电阻器的正确选用及测量

选用电阻器应注意以下四点:

1. 按照不同的用途，选取适当型号

选取电阻器不仅要考虑电路的要求，还要考虑价格、供应情况，特别是电阻器的具体应用场合等因素。民用和一般用途，选择通用性电阻器、价廉、货源充足。军用和特殊用途，可选择专用型电阻器，以保证设备的性能指标和稳定可靠地工作。线绕电阻器，即使是无感绕法的，其分布电感也比非线绕电阻大得多，因此不宜用于高频电路中。

2. 正确选取阻值及精度

电阻值应选择靠近计算值的一个标称值。若有高精度要求则应选用精密电阻器。在某些场合下，也可以挑选或采用串、并联的方法，以满足精度的要求。

3. 额定功率的选择

电阻器的额定功率，应选得比计算的实际耗散功率大，在一般情况下，按可靠性设计选取的减额因子选择实际功率的 1.5~3 倍以内。若功率较大，应选用功率电阻器。在某些情况下，也可将几个小功率电阻器串、并联使用，以满足功率的要求。

在电阻器散热良好或电阻器持续工作时间较短的情况下，可以满功率甚至适当地超过额定功率使用。若工作于高温、低气压等环境应降低功率使用。

4. 注意最高工作电压

每个型号的电阻器都有一定的耐压，超过这个电压，电阻器就会击穿、烧坏或产生表面飞弧现象。在高压下使用时，对于高阻值电阻，其应用值更应小于最高工作电压。这是因为应用值不仅受电阻发热的限制，而且还与相邻两导体之间薄膜的耐压、电阻器表面的洁净程度、气压高低、相对湿度大小、负载性质有关。

电阻其实际阻值的测量最简单的方法是使用指针或数字万用表。指针式万用表电阻测量范围约为 0.1~10MΩ，准确度 ±1.0%~±4.0%。数字万用表电阻测量范围一般为 0.1Ω~20MΩ，准确度 ±0.2%~±1.0% ±1 个字。利用直流电桥和数字电桥也可测量电阻，一般测量范围约 1Ω~2MΩ，准确度为读数的 ±1.0% ±1 个字。特殊情况下可以用 U-I 法，即测出电阻两端电压和通过的电流再折算出电阻值。以上测量必须离线，即线路上的电阻至少要断开一端来测量，以减少其他电路对测量的影响。

4.2 电容器

电容器的结构非常简单，两个相互靠近的导体，中间夹一层不导电的绝缘介质，就构成了电容器。当在电容器的两个极板上加上电压时，电容器就储存电荷，所以电容器是充放电荷的电子元件。电容器的电容量在数值上等于一个极板上的电荷量与两个极板之间的电压之比值（图 4-5）。

4-5 电容

电容器的电容量的基本单位是法拉（用字母 F 表示）。如果一伏特的电压能使电容器充电一库仑，那么电容器的容量就是一法拉（1F）。在实际应用时，法拉这个单位太大，通常用法拉的百万分之一，称作微法（1μF），和微法的百万分之一为单位，称作皮法（1pF）。有时也用 nF 标注电容量。其换算关系是：

$$1 \text{ 法拉（F）} = 1000 \text{ 毫法（mF）} = 1000000 \text{ 微法（μF）}$$
$$1 \text{ 微法（μF）} = 1000 \text{ 纳法（nF）} = 1000000 \text{ 皮法（pF）}$$

电容器具有隔直和分离各种频率的能力，在电子仪器中主要用作隔直流、耦合、旁路、滤波及用于谐振回路。电容器还具有储存电能的能力，可以将电能逐渐积累起来，然后向外电路输送出去，从而获得大功率的瞬时脉冲。

4.2.1 电容器的型号命名方法

第一部分：主称		第二部分：材料		第三部分：特征分类					第四部分：序号
符号	意义	符号	意义	符号	意义				
					瓷	云母	玻璃	电解	其他
C	电容器	C	高频陶瓷	1	圆片	非密封		箔式	非密封	对主称、材料相同，仅性能指标尺寸大小有区别，但基本不影响互换使用的产品，给同一序号；若性能指标、尺寸大小明显影响互换时，则在序号后面用大写字母作为区别代号。
		Y	云母	2	管型				
		I	玻璃釉	3	叠片	密封		烧结粉、固体	密封	
		O	玻璃膜	4	独石					
		Z	纸介	5	穿心			—	穿心	
		J	金属化纸	6	支柱					
		B	聚苯乙烯	7	—			无极性		
		L	涤纶	8	高压	高压		—	高压	
		Q	漆膜	9				特殊	特殊	
		S	聚碳酸酯							
		H	复合介质							

4.2.2 电容器的分类

电容器基本分为固定和可变两大类。固定电容器按介质材料分，有空气（或真空）、云母、瓷介、纸介（包括金属化纸介）、薄膜（包括塑料、涤纶等）、混合介质、玻璃釉、漆膜和电解电容器等。可变电容器则有可变和半可变（包括微调电容器）之分，按介质材料又可分为空气和固体介质两种。

按照安装方式可以分为插件电容、贴片电容。

按电路中电容的作用分类：

电容器的基本作用就是充电与放电，但由这种基本充放电作用所延伸出来的许多电路现象，使得电容器有着种种不同的用途。例如，在电动马达中，我们用它来产生相移；在照相闪光灯中，用它来产生高能量的瞬间放电等等；而在电子电路中，电容器不同性质的用途尤多，这许多不同的用途，虽然也有截然不同之处，但因其作用均来自充电与放电。下面是一些电容的作用列表：

● 耦合电容：用在耦合电路中的电容称为耦合电容，在阻容耦合放大器和其他电容耦合电路中大量使用这种电容电路，起隔直流通交流作用。

● 滤波电容：用在滤波电路中的电容器称为滤波电容，在电源滤波和各种滤波器电路中使用这种电容电路，滤波电容将一定频段内的信号从总信号中去除。

● 退耦电容：用在退耦电路中的电容器称为退耦电容，在多级放大器的直流电压供给电路中使用这种电容电路，退耦电容消除每级放大器之间的有害低频交连。

● 高频消振电容：用在高频消振电路中的电容称为高频消振电容，在音频负反馈放大器中，为了消振可能出现的高频自激，采用这种电容电路，以消除放大器可能出现的高频啸叫。

● 谐振电容：用在 LC 谐振电路中的电容器称为谐振电容，LC 并联和串联谐振电路中都需这种电容电路。

● 旁路电容：用在旁路电路中的电容器称为旁路电容，电路中如果需要从信号中去掉某一频段的信号，可以使用旁路电容电路，根据所去掉信号频率不同，有全频域（所有交流信号）旁路电容电路和高频旁路电容电路。

● 中和电容：用在中和电路中的电容器称为中和电容。在收音机高频和中频放大器，电视机高频放大器中，采用这种中和电容电路，以消除自激。

● 定时电容：用在定时电路中的电容器称为定时电容。在需要通过电容充电、放电进行时间控制的电路中使用定时电容电路，电容起控制时间常数大小的作用。

● 积分电容：用在积分电路中的电容器称为积分电容。在电视场扫描的同步分离级电路中，采用这种积分电容电路，以从行场复合同步信号中取出场同步信号。

● 微分电容：用在微分电路中的电容器称为微分电容。在触发器电路中为了得到尖顶触发信号，采用这种微分电容电路，以从各类（主要是矩形脉冲）信号中得到尖顶脉冲触发信号。

● 补偿电容：用在补偿电路中的电容器称为补偿电容，在卡座的低音补偿电路中，使用这自举电容：用在自举电路中的电容器称为自举电容，常用的 OTL 功率放大器输出级电路采用这种自举电容电路，以通过正反馈的方式少量提升信号的正半周幅度。

● 分频电容：在分频电路中的电容器称为分频电容，在音箱的扬声器分频电路中，使用分频电容电路，以使高频扬声器工作在高频段，中频扬声器工作在中频段，低频扬声器工作在低频段。

4.2.3 电容器主要特性参数

电容器的主要参数有：标称容量、允许偏差、额定工作电压、绝缘电阻、温度系数、电容器损耗、频率特性等。

1. 标称电容量和允许偏差

标称电容量是标志在电容器上的电容量。

电容器实际电容量与标称电容量的偏差称误差,在允许的偏差范围称精度。

精度等级与允许误差对应关系:00(01)- ±1%、0(02)- ±2%、Ⅰ- ±5%、Ⅱ- ±10%、Ⅲ- ±20%、Ⅳ-(+20% -10%)、Ⅴ-(+50% -20%)、Ⅵ-(+50% -30%)

一般电容器常用Ⅰ、Ⅱ、Ⅲ级,电解电容器用Ⅳ、Ⅴ、Ⅵ级,根据用途选取。

2. 额定电压

在最低环境温度和额定环境温度下可连续加在电容器的最高直流电压有效值,一般直接标注在电容器外壳上,如果工作电压超过电容器的耐压,电容器击穿,造成不可修复的永久损坏。

3. 绝缘电阻

直流电压加在电容上,并产生漏电电流,两者之比称为绝缘电阻。当电容较小时,主要取决于电容的表面状态,容量 $>0.1\mu F$ 时,主要取决于介质的性能,绝缘电阻越大越好。

电容的时间常数:为恰当的评价大容量电容的绝缘情况而引入了时间常数,他等于电容的绝缘电阻与容量的乘积。

4. 损耗

电容在电场作用下,在单位时间内因发热所消耗的能量叫做损耗。各类电容都规定了其在某频率范围内的损耗允许值,电容的损耗主要由介质损耗,电导损耗和电容所有金属部分的电阻所引起的。在直流电场的作用下,电容器的损耗以漏导损耗的形式存在,一般较小,在交变电场的作用下,电容的损耗不仅与漏导有关,而且与周期性的极化建立过程有关。

5. 频率特性

随着频率的上升,一般电容器的电容量呈现下降的规律。

4.2.4 电容器的标示方法

电容器常用的规格标志方法有直标法和色标法。

1. 电容器的直标法

直标法是指在电容器的表面直接标出其主要参数和技术指标的一种标志方法。直接标志法可以用阿拉伯数字、字母和文字符号标出。

(1) 直接用数字和字母结合标志。

> **例如**
> 100 nF 用 100n 标志,330μF 用 330μ 标志,3300 pF 用 3300 p 标志

(2) 用文字、数字符号两者有规律组合来标志。

例 如

3.32 pF 用 3 p 32 标志，3.3μF 用 3μ3 标志

2. 电容器的色标法

色标法是指用不同颜色的色带和色点标志出其主要参数的标志方法，见表4-2，有效数字一般是两位（也有三位的），单位为 pF。

表4-2 电容器的色标

颜色	有效数字	乘数	允许偏差（%）	工作电压（V）	颜色	有效数字	乘数	允许偏差（%）	工作电压（V）
银色	—	10	±10	—	黄色	4	10	—	25
金色	—	10	±5	—	绿色	5	10	±0.5	32
黑色	0	10	—	4	蓝色	6	10	±0.25	40
棕色	1	10	±1	6.3	紫色	7	10	±0.1	50
红色	2	10	±2	10	灰色	8	10	—	63
橙色	3	10	—	16	白色	9	10	+50 −20	—
无色			±20						

4.2.5 电容器的选用及测量

低频中使用的范围较宽，如可以使用高频特性比较差的；但是在高频电路中就有了很大的限制了，一旦选择不当会影响电路的整体工作状态；一般的电源里用的有电解电容、和瓷片电容、但是在高频中就要使用云母等价格较贵的电容，就不可以使用绦纶的电容，和电解的电容，因为它们在高频情况下会形成电感，以致影响电路的工作精度。

使用数字万用表进行电容器电容量的测量是最方便的方法。测量准确度可达 ±1% ±1 个字。量程一般为 200pF～2μF。

利用便携式数字式元件测试仪测量电容极方便，其测量量程为 200pF～2000μF。它还可测出电容器的损耗。

利用 LCR 数字电桥可测容量的量程为 2000 pF～2000μF，准确度为 ±0.25% ±1 个字。

对于工作在高频的小容量电容器可使用高频 Q 表进行测量。一般 Q 表电容测量范围为：1～460 pF。

4.3 电感器

电感是指线圈在磁场中活动时，所能感应到的电流的强度，单位是"亨利"（H）。也指利用此性质制成的元件。电感器是用漆包线、纱包线或塑皮线等在绝缘骨架或磁心、铁心上绕制成的一组串联的同轴线匝，它在电路中用字母"L"表示，电感器的主要作用是对交流信号进行隔离、滤波或与电容器、电阻器等组成谐振电路。电感器包括自感和互感两类。

当线圈中有电流通过时，线圈的周围就会产生磁场。当线圈中电流发生变化时，其周围的磁场也产生相应的变化，此变化的磁场可使线圈自身产生感应电动势（电动势用以表示有源元件理想电源的端电压），这就是自感；两个电感线圈相互靠近时，一个电感线圈的磁场变化将影响另一个电感线圈，这种影响就是互感。互感的大小取决于电感线圈的自感与两个电感线圈耦合的程度（图 4-6）。

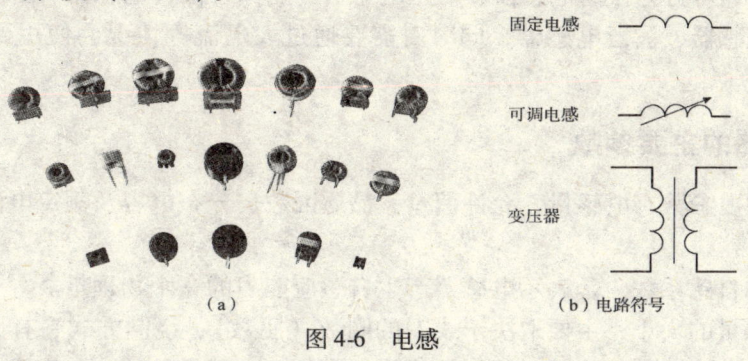

图 4-6 电感

4.3.1 电感器的型号命名方法

由于工作频率不同，电感线圈的绕组匝数、骨架材料区别很大，因而，线圈的种类繁多。电感线圈的型号命名一般由四部分组成。

第一部分：主称，用字母表示，其中 L 代表线圈，ZL 代表阻流圈。
第二部分：特征，用字母表示，其中 G 代表高频。
第三部分：型号，用字母表示，其中 X 代表小型。
第四部分：区别代号，用字母表示。

例 如

LGX 型为小型高频电感线圈

4.3.2 电感器的种类

1. 按结构分类

电感器按其结构的不同可分为线绕式电感器和非线绕式电感器（多层片状、印刷电感等），还可分为固定式电感器和可调式电感器。

2. 按贴装方式分：有贴片式电感器，插件式电感器。同时，对电感器有外部屏蔽的成为屏蔽电感器，线圈裸露的一般称为非屏蔽电感器。

3. 按工作频率分类

电感按工作频率可分为高频电感器、中频电感器和低频电感器。高频电感器技术上差距较大，许多厂商的产品不成熟，常用比较可信的主要是捷比信高频电感。

空心电感器、磁心电感器和铜心电感器一般为中频或高频电感器，而铁心电感器多数为低频电感器。

4. 按用途分类

电感器按用途可分为振荡电感器、校正电感器、显像管偏转电感器、阻流电感器、滤波电感器、隔离电感器、被偿电感器，同时对需要通过大电流等情况会使用到捷比信功率电感器。

4.3.3 电感器的主要参数

电感器的主要参数有电感量、允许偏差、品质因数、分布电容及额定电流等。

1. 电感量

电感量也称自感系数，是表示电感器产生自感应能力的一个物理量。

电感器电感量的大小，主要取决于线圈的圈数（匝数）、绕制方式、有无磁心及磁心的材料等等。通常，线圈圈数越多、绕制的线圈越密集，电感量就越大。有磁心的线圈比无磁心的线圈电感量大；磁心导磁率越大的线圈，电感量也越大。

电感量的基本单位是亨利（简称亨），用字母"H"表示。常用的单位还有毫亨（mH）和微亨（μH），它们之间的关系是：

$$1H = 1000mH$$
$$1mH = 1000\mu H$$

2. 允许偏差

允许偏差是指电感器上标称的电感量与实际电感的允许误差值。

一般用于振荡或滤波等电路中的电感器要求精度较高，允许偏差为 $\pm 0.2\% \sim \pm 0.5\%$；而用于耦合、高频阻流等线圈的精度要求不高；允许偏差为 $\pm 10\% \sim 15\%$。

3. 品质因数

品质因数也称 Q 值或优值，是衡量电感器质量的主要参数。它是指电感器在某一频率的交流电压下工作时，所呈现的感抗与其等效损耗电阻之比。电感器的 Q 值越高，其损耗越小，效率越高。

电感器品质因数的高低与线圈导线的直流电阻、线圈骨架的介质损耗及铁心、屏蔽罩等引起的损耗等有关。

4. 分布电容

分布电容是指线圈的匝与匝之间、线圈与磁心之间存在的电容。电感器的分布电容越小，其稳定性越好。

5. 额定电流

额定电流是指电感器有正常工作时反允许通过的最大电流值。若工作电流超过额定电流，则电感器就会因发热而使性能参数发生改变，甚至还会因过流而烧毁。

4.3.4 电感器的标示方法

为了便于生产和使用，常将小型固定电感线圈的主要参数标志在其外壳上，标识方法有直标法和色标法两种。

1. 直标法

直标法指的是，在小型固定电感线圈外壳上直接用文字标出电感线圈的标称电感值、允许偏差和最大直流工作电流等主要参数。其中最大工作电流常用字母 A（50mA）、B（150mA）、C（300mA）、D（700mA）、E（1600mA）等标志。

例如

固定电感线圈外壳上标有 330μH、C. II 级的标志 则：

线圈的标称电感量为 330μH，允许偏差为 II 级（±10%），最大工作电流 300mA（C 档）。

2. 色标法

色标法指的是，在小型固定电感线圈的外壳上涂上各种不同颜色的环，来表明其主要参数。第一条色环表示电感量的第一位有效数字；第二条色环表示电感量的第二位有效数字；第三条色环表示十进倍乘；第四条色环表示允许偏差。数字与颜色的对应关系与色环电阻器标志法相同，可参阅电阻器色标法，见图 4-4。电感量的单位为（μH）。

例如

某一电感线圈的色环标志依次为：橙、橙、红、银，参阅图 4-4，橙代表有效数字 3，红代表倍乘 100，银代表允许偏差 ±10%，则此色环标志表明其电感量为 3300μH，允许偏差为 ±10%。

4.3.5 电感的测量及好坏判断

1. 电感测量

将万用表打到蜂鸣二极管档，把表笔放在两引脚上，看万用表读数。

2. 好坏判断

用万用表电阻档测量电感器阻值的大小，将万用表置于 R×1 档或 R×10 档，用两表笔接触电感的两端，若被测电感器的阻值为零，则说明电感器内部绕组有短路故障；但是有许多电感器的电阻值很小，只有零点几欧姆，最好用电感量测试仪器来测量；若被测电感器阻值为无穷大，则说明电感器的绕组或引出脚于绕组接点处发生了断路故障。

4.4 二极管

二极管又称晶体二极管，简称二极管，它只往一个方向传送电流的电子零件。它是一种具有1个零件号接合的2个端子的器件，具有按照外加电压的方向，使电流流动或不流动的性质。晶体二极管为一个由p型半导体和n型半导体形成的p-n结，在其界面处两侧形成空间电荷层，并建有自建电场。当不存在外加电压时，由于p-n结两边载流子浓度差引起的扩散电流和自建电场引起的漂移电流相等而处于电平衡状态（图4-7）。

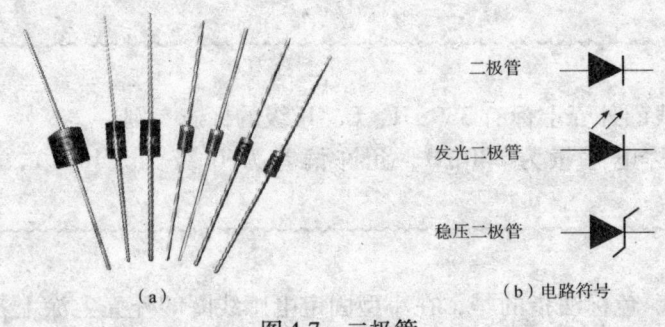

图4-7 二极管

4.4.1 二极管型号命名方法

二极管的型号命名规定由五个部分组成，如图4-8所示。

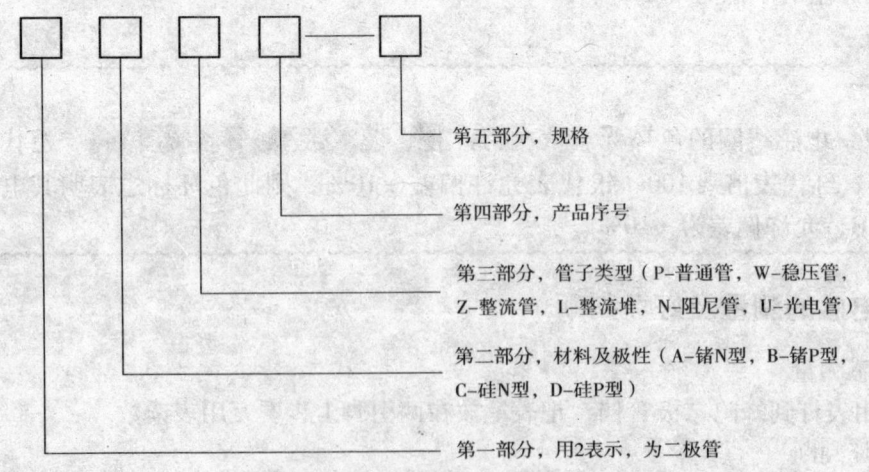

图4-8 二极管型号的命名方法

4.4.2 二极管的工作原理

晶体二极管为一个由 p 型半导体和 n 型半导体形成的 p-n 结,在其界面处两侧形成空间电荷层,并建有自建电场。当不存在外加电压时,由于 p-n 结两边载流子浓度差引起的扩散电流和自建电场引起的漂移电流相等而处于电平衡状态。当外界有正向电压偏置时,外界电场和自建电场的互相抑消作用使载流子的扩散电流增加引起了正向电流。当外界有反向电压偏置时,外界电场和自建电场进一步加强,形成在一定反向电压范围内与反向偏置电压值无关的反向饱和电流 I_0。当外加的反向电压高到一定程度时,p-n 结空间电荷层中的电场强度达到临界值产生载流子的倍增过程,产生大量电子空穴对,产生了数值很大的反向击穿电流,称为二极管的击穿现象。p-n 结的反向击穿有齐纳击穿和雪崩击穿之分。

4.4.3 二极管的特性与应用

几乎在所有的电子电路中,都要用到半导体二极管,它在许多的电路中起着重要的作用,二极管的电压与电流不是线性关系,所以在将不同的二极管并联的时候要接相适应的电阻。二极管最重要的特性就是单方向导电性。在电路中,电流只能从二极管的正极流入,负极流出。下面简单说明二极管的正向特性和反向特性(如图 4-9 所示)。

1. 正向特性。

在电子电路中,将二极管的正极接在高电位端,负极接在低电位端,二极管就会导通,这种连接方式,称为正向偏置。必须说明,当加在二极管两端的正向电压很小时,二极管仍然不能导通,流过二极管的正向电流十分微弱。只有当正向电压达到某一数值(这一数值称为"门坎电压",又称"死区电压",锗管约为 0.1V,硅管约为 0.5V)以后,二极管才能真正导通。导通后二极管两端的电压基本上保持不变(锗管约为 0.3V,硅管约为 0.7V),称为二极管的"正向压降"。

2. 反向特性。

在电子电路中,二极管的正极接在低电位端,负极接在高电位端,此时二极管中几乎没有电流流过,此时二极管处于截止状态,这种连接方式,称为反向偏置。二极管处于反向偏置时,仍然会有微弱的反向电流流过二极管,称为漏电流。当二极管两端的反向电压增大到某一数值,反向电流会急剧增大,二极管将失去单方向导电特性,这种状态称为二极管的击穿。

二极管的应用很广泛,具体有如下 7 种:

1. 整流二极管

利用二极管单向导电性,可以把方向交替变化的交流电变换成单一方向的脉冲直流电。

2. 开关元件

二极管在正向电压作用下电阻很小,处于导通状态,相当于一只接通的开关;在反向电

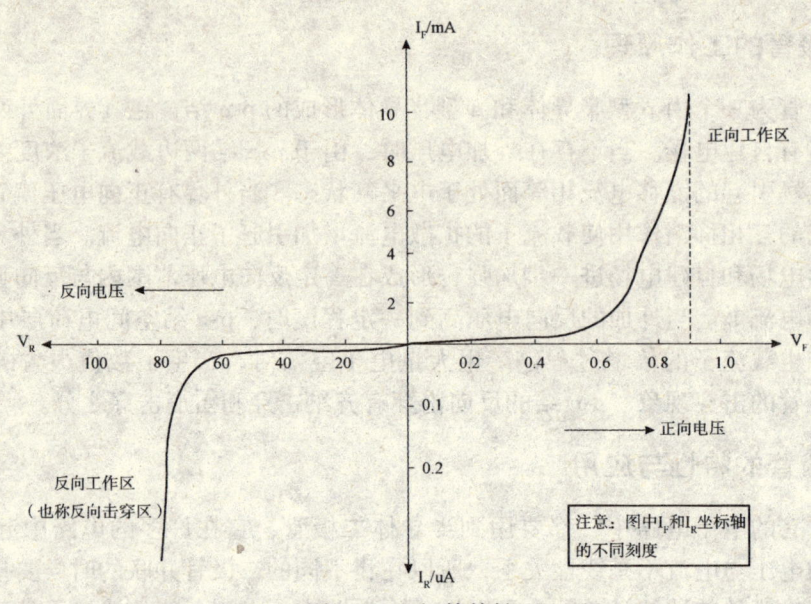

图 4-9 二极管特性

压作用下,电阻很大,处于截止状态,如同一只断开的开关。利用二极管的开关特性,可以组成各种逻辑电路(图 4-9)。

3. 限幅元件

二极管正向导通后,它的正向压降基本保持不变(硅管为 0.7V,锗管为 0.3V)。利用这一特性,在电路中作为限幅元件,可以把信号幅度限制在一定范围内。

4. 继流二极管

在开关电源的电感中和继电器等感性负载中起继流作用。

5. 检波二极管

在收音机中起检波作用。

6. 变容二极管

使用于电视机的高频头中。

7. 显示元件

用于 VCD、DVD、计算器等显示器上。

4.4.4 二极管的类型

二极管种类有很多,按照所用的半导体材料,可分为锗二极管(Ge 管)和硅二极管(Si 管)。根据其不同用途,可分为检波二极管、整流二极管、稳压二极管、开关二极管、隔离二极管、肖特基二极管、发光二极管、硅功率开关二极管、旋转二极管等。按照管芯结构,又可分为点接触型二极管、面接触型二极管及平面型二极管。点接触型二极管是用一根很细的金属丝压在光洁的半导体晶片表面，通以脉冲电流，使触丝一端与晶片牢固地烧结在一起，形成一个"PN结"。由于是点接触，只允许通过较小的电流（不超过几十毫安），适用于高频小电流电路，如收音机的检波等。面接触型二极管的"PN结"面积较大，允许通过较大的电流（几安到几十安），主要用于把交流电变换成直流电的"整流"电路中。平面型二极管是一种特制的硅二极管，它不仅能通过较大的电流，而且性能稳定可靠，多用于开关、脉冲及高频电路中。

4.4.5 二极管的主要参数

用来表示二极管的性能好坏和适用范围的技术指标，称为二极管的参数。不同类型的二极管有不同的特性参数。通常需要大家了解如下几个主要参数：

1. 最大整流电流

是指二极管长期连续工作时允许通过的最大正向电流值，其值与PN结面积及外部散热条件等有关。因为电流通过管子时会使管芯发热，温度上升，温度超过容许限度（硅管为141左右，锗管为90左右）时，就会使管芯过热而损坏。所以在规定散热条件下，二极管使用中不要超过二极管最大整流电流值。例如，常用的IN4001-4007型锗二极管的额定正向工作电流为1A。

2. 最高反向工作电压

加在二极管两端的反向电压高到一定值时，会将管子击穿，失去单向导电能力。为了保证使用安全，规定了最高反向工作电压值。例如，IN4001二极管反向耐压为50V，IN4007反向耐压为1000V。

3. 反向电流

反向电流是指二极管在规定的温度和最高反向电压作用下，流过二极管的反向电流。反向电流越小，管子的单方向导电性能越好。值得注意的是反向电流与温度有着密切的关系，大约温度每升高10℃，反向电流增大一倍。例如，2AP1型锗二极管，在25℃时反向电流若为250μA，温度升高到35℃，反向电流将上升到500μA，依此类推，在75℃时，它的反向电流已达8mA，不仅失去了单方向导电特性，还会使管子过热而损坏。又如，2CP10型硅二极管，25℃时反向电流仅为5μA，温度升高到75℃时，反向电流也不过160μA。故硅二极管比锗二极管在高温下具有较好的稳定性。

4. 动态电阻 Rd

二极管特性曲线静态工作点Q附近电压的变化与相应电流的变化量之比。

4.4.6 二极管的识别

小功率二极管的N极（负极），在二极管外表大多采用一种色圈标出来，有些二极管也用二极管专用符号来表示P极（正极）或N极（负极），也有采用符号标志为"P"、"N"

来确定二极管极性的。发光二极管的正负极可从引脚长短来识别,长脚为正,短脚为负。用数字式万用表去测二极管时,红表笔接二极管的正极,黑表笔接二极管的负极,此时测得的阻值才是二极管的正向导通阻值,这与指针式万用表的表笔接法刚好相反。同学们可以使用万用表测试二极管性能的好坏。测试前先把万用表的转换开关拨到欧姆档的 RX10 档位(注意不要使用 RX1 档,以免电流过大烧坏二极管),再将红、黑两根表笔短路,进行欧姆调零。

1. 正向特性测试

把万用表的黑表笔(表内正极)搭触二极管的正极,红表笔(表内负极)搭触二极管的负极。若表针不摆到 0 值而是停在标度盘的中间,这时的阻值就是二极管的正向电阻,一般正向电阻越小越好。若正向电阻为 0 值,说明管芯短路损坏,若正向电阻接近无穷大值,说明管芯断路。短路和断路的管子都不能使用。

2. 反向特性测试

把万用表的红表笔搭触二极管的正极,黑表笔搭触二极管的负极,若表针指在无穷大值或接近无穷大值,二极管就是合格的(图4-10)。

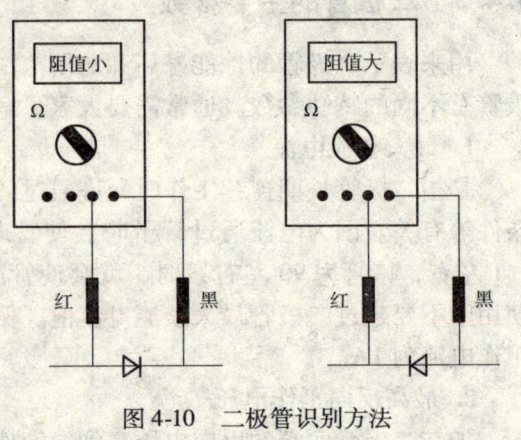

图 4-10 二极管识别方法

第 5 章 电路基础实验

实验一 直流电路测量

一、实验目的

1. 学习电路元件伏安特性的测量方法;
2. 了解线性电阻元件与非线性电阻元件的区别;
3. 学习使用直流稳压电源、电流表、电压表、滑线电阻;
4. 学会用电流插头、插座测量各支路电流的方法。

二、实验原理

元件的伏安特性:一个二端元件如图实 1-1（a）所示的伏安特性用元件两端的电压 u 和通过元件的电流 i 之间的关系 $f(u,i)=0$ 表示。

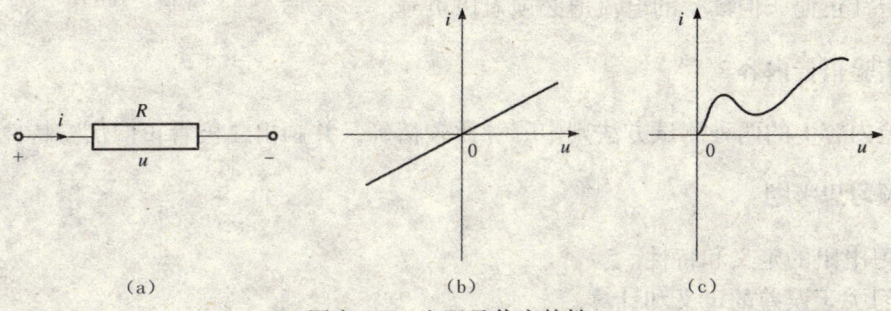

图实 1-1 电阻及伏安特性

线性电阻元件的伏安特性服从欧姆定律,画在 $u-i$ 平面上是一条通过原点的直线,如图实 1-1(b)所示。

非线性电阻元件的伏安特性不服从欧姆定律,画在 $u-i$ 平面上是一条通过原点的曲线,如图实 1-1(c)所示。

三、实验内容

分别按图实 1-2（a）、(b) 接线,测量二极管的正向伏安特性,所得数据填入表实 1-1,注意电流表量程从 1.5A 开始逐渐减少至合适的值,电压表量程逐渐减少至合适的值。

电路实验技术

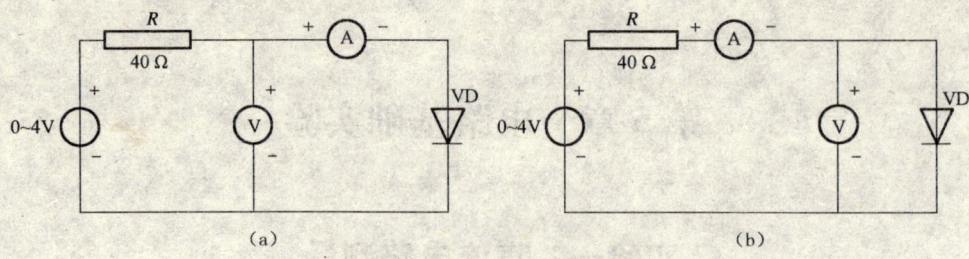

图实 1-2 伏安特性测量接线图

表实 1-1 图实 1-2 的实验数据

电压/V		0.75	0.7	0.65	0.6	0
电流 （mA）	图实 1-2（a）					
	图实 1-2（b）					

四、实验注意事项

1. 所有需要测量的电压值，均以电压表测量读数为准，不以电源表盘指示值为准。
2. 防止电源两端碰线短路。
3. 若用指针式电流表进行测量时，要识别电流插头所接电流表的"＋、－"极性。倘若不换接极性，则电表指针可能反偏（电流为负值时），此时必须调换电流表极性，重新测量，此时指针正偏，但读得的电流值必须冠以负号。

五、实验报告内容

由实验内容 1 的两种测试方法判定哪种比较精确，并画出二极管正向伏安特性曲线。

六、预习思考题

1. 复习电阻的定义和特性。
2. 预习关于误差的定义和计算。

七、仪器设备

序 号	名 称	型号与规格	数 量
1	电工技术实验装置	DGJ-3 型	1 台
2	可调直流稳压电源	0～30V	1 台
3	万用电表	MF-14	1 块

续表

序 号	名 称	型号与规格	数 量
4	直流数字电压表	45mV~600V	1块
5	直流数字毫安表	7.5mA~30A	1块
6	多功能实验模板		2块

实验二　基尔霍夫定律

一、实验目的

1. 用实验数据验证基尔霍夫定律的正确性；
2. 加深对基尔霍夫定律的理解；
3. 熟练掌握仪器仪表的使用技术。

二、实验原理

基尔霍夫定律是电路的基本定律之一，它规定了电路中各支路电流之间和各支路电压之间必须服从的约束关系，无论电路元件是线性的还是非线性的，时变的还是非时变的，只要电路是集中参数电路，都必须服从这个约束关系。

基尔霍夫电流定律（KCL）：在集中参数电路中，任何时刻，对任一节点，所有各支路电流的代数和恒等于零。即

$$\sum I = 0$$

通常约定：流出节点的支路电流取正号，流入节点的支路电流取负号。

基尔霍夫电压定律（KVL）：在集中参数电路中，任何时刻，沿任一回路内所有支路或元件电压的代数和恒等于零。即

$$\sum U = 0$$

通常约定：凡支路电压或元件电压的参考方向与回路绕行方向一致者取正号，反之取负号。

三、实验内容

实验线路如图实 2-1 所示。

1. 实验前先任意设定三条支路的电流参考方向，如图中的 I_1、I_2、I_3 所示。
2. 分别将两路直流稳压电源接入电路，令 $u_1 = 6V$，$u_2 = 12V$，实验中调好后保持不变。
3. 用数字万用表测量 $R_1 \sim R_5$ 电阻元件的参数，取 $50 \sim 300\Omega$ 之间。
4. 将直流毫安表分别串入三条支路中，记录电流值填入表实 2-1 中，注意方向。

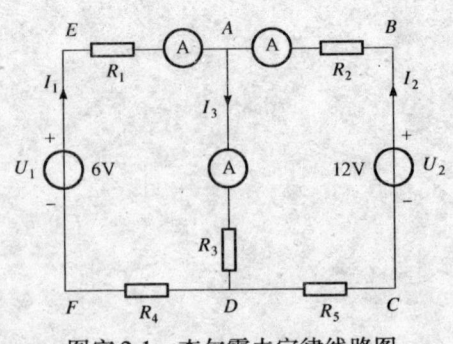

图实 2-1　查尔霍夫定律线路图

5. 用直流电压表分别测量两路电源及电阻元件上的电压值，记录电压值填入表实2-1中。

表实 2-1

被测量	I_1 (mA)	I_2 (mA)	I_3 (mA)	u_1 (V)	u_2 (V)	U_{FA} (V)	U_{AB} (V)	U_{AD} (V)	U_{CD} (V)	U_{DE} (V)
计算值										
测量值										
相对误差										

四、实验注意事项

1. 防止电源两端碰线短路。
2. 用指针式电流表进行测量时，要识别电流插头所接电流表的"＋、－"极性。倘若不换接极性，则电表指针可能反偏（电流为负值时），此时必须调换电流表极性，重新测量，此时指针正偏，但读得的电流值必须冠以负号。

五、实验报告内容

1. 根据实验数据，选定实验电路中的任一个节点，验证 KCL 的正确性。
2. 根据实验数据，选定实验电路中的任一个闭合回路，验证 KVL 的正确性。
3. 实测值与计算结果进行比较，说明产生误差的原因。

六、预习思考

根据图实 2-1 的电路参数，计算出待测电流 I_1、I_2、I_3 和各电阻上电压值，记入表中，以便实验测量时，可正确选定毫安表和电压表的量程。

七、实验设备

序 号	名 称	型号与规格	数 量
1	双路直流稳压稳流电源	30V、1A	1 台
2	直流电压表	45mV ~ 600V	1 块
3	直流毫安表	7.5mA ~ 30A	1 块
4	数字万用表		1 块
5	实验线路板	自制	1 块

实验三 叠加原理的验证

一、实验目的

1. 通过实验验证线性电路的叠加原理;
2. 学习使用直流稳压电源。

二、实验原理

线性电路中有几个电源共同作用时,任意支路的电流(或电压)都可以看成是由各个电源单独作用时在该支路产生的电流(或电压)代数和,这个原理称为叠加原理。图实3-1中(a)图有 E_1、E_2 两个电源共同作用在个支路产生的电流等于(b)、(c)两图个对应支路电流的代数和。

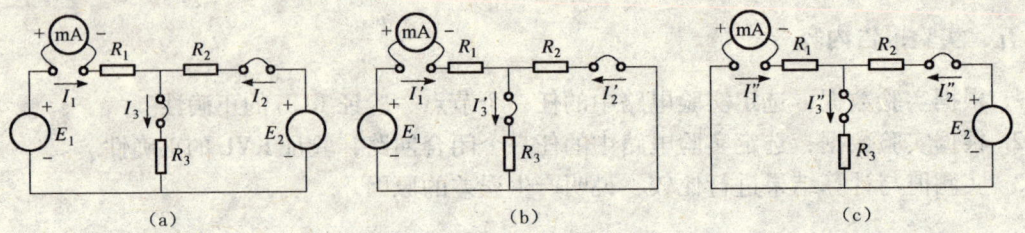

图实 3-1 叠加原理电路图

图实 3-1 中 $E_1=20\text{V}$,$E_2=15\text{V}$,$R_1=220\Omega$,$R_2=200\Omega$,$R_3=240\Omega$

表实 3-1

	计算值			实际值		
图实 3-1(a)	$I_1=$	$I_2=$	$I_3=$	$I_1=$	$I_2=$	$I_3=$
图实 3-1(b)	$I_1'=$	$I_2'=$	$I_3'=$	$I_1'=$	$I_2'=$	$I_3'=$
图实 3-1(c)	$I_1''=$	$I_2''=$	$I_3''=$	$I_1''=$	$I_2''=$	$I_3''=$

三、实验内容

1. 调整稳压稳流源是左路电压为 $E_1=20\text{V}$,右路为 $E_2=15\text{V}$ 调节方法见实验一最后一部分直流稳压稳流源的使用。然后测量个支路电流填入表实 3-1 中。
2. 按图实 3-1(b)接好线路,测量个支路电流填入表实 3-1 中。
3. 按图实 3-1(c)接线,测量个支路电流填入表实 3-1 中。

四、实验报告内容

1. 由表实 3-1 数据验证叠加原理。
2. 由预习报告计算所得个支路电流值与实测值比较,分析误差原因。
3. 回答思考题:如果本实验的 E_2 变为 5V,而其他一切参数都不变,叠加原理实验能否进行?为什么?要树立严格的科学态度,不要轻易下结论。

五、预习要求

复习叠加原理,有实验电路图所给参数计算个支路电流并把数据填入表实 3-1。

六、仪器设备

序 号	仪器名称	型号规格	数 量
1	双路直流稳压稳流源	YJ82/2	1 台
2	叠加原理实验板	自制	1 块
3	多量程直流电流表	0.5mA-20A	1 块

实验四　戴维南定理

一、实验目的

1. 验证戴维南定理，并通过实验加深对等效电路的理解；
2. 学习用实验方法求含源一端口网络的等效电路。

二、实验原理

1. 戴维南定理：对任一线性含源一端口电阻网络如图实 4-1（a）所示，就其端口而言总可以用一个电压源串联电阻来等效，如图实 4-1（b）所示，其电压源的电压为原网络端口 a、b 两端的开路电压 U_{oc}，电阻为原网络将内部电源化零以后从端口看进去的等效电阻 R_i。

这里所谓的等效是指含源一端口网络被等效电路替代后，对原一端口网络的外电路没有影响，即外电路的电流和电压替代前后保持不变。

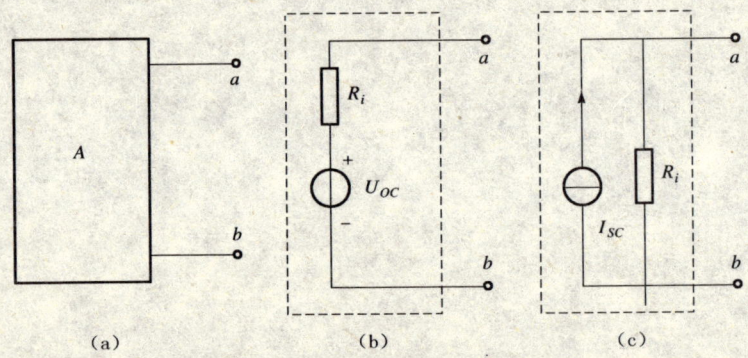

图实 4-1　一端口网络及其等效电路

2. 含源一端口网络输入电阻 R_i 的实验测定法

测量含源一端口网络的开路电压 U_{oc} 和短路电流 i_{sc}，则输入电阻为

$$R_i = \frac{U_{oc}}{I_{sc}}$$

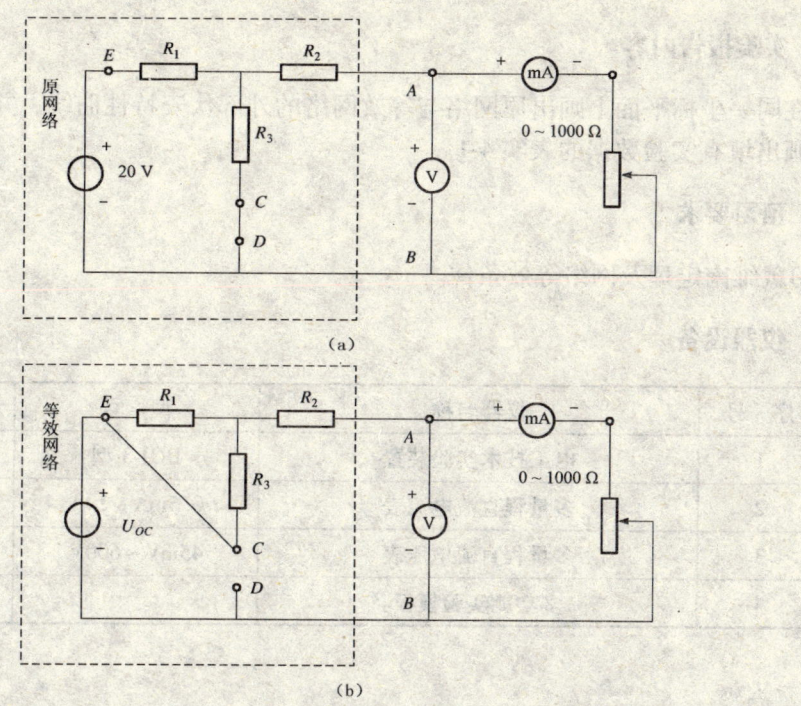

图实 4-2 原网络及其改接线后的戴维南等效电路

三、实验内容

1. 将原网络改接一根线的等效法

（1）按图实 4-2（a）接线，调节 R 从 $0\sim\infty$，将电压表和电流表的读数填入表实4-1中。

（2）将图实 4-2（a）的 CD 连线断开，连接 CE，此时由 R_3 与 R_1 并联再与 R_2 串联的电阻值（即 AE 间的电阻）由实验原理可知即为等效电阻，再将原先 20V 的电源改为等效电压源 U_{OC}，内容（1）将电流表断开时的电压表指示值，然后重复内容（1）的测量，将测得结果填入表实 4-1 中。

表实 4-1

图实 4-2	I / mA				$I_{SC}=$
（a）	U / v	$U_{OC}=$			
图实 4-2	I / mA				$I_{SC}'=$
（b）	U / v	$U_{OC}'=$			

四、实验报告内容

1. 在同一坐标平面上画出原网络与等效网络的外部伏安特性曲线,并作分析比较。
2. 画出填有实验数据的表实 4-1。

五、预习要求

复习戴维南定理及网络等效条件。

六、仪器设备

序 号	仪器名称	型 号	数 量
1	电工技术实验装置	DGJ-3 型	1 台
2	多量程直流电流表	0.5mA ~ 20A	1 块
3	多量程直流电压表	45mV ~ 600V	1 块
4	多功能实验模板		2 块

实验五　一阶 RC 电路的响应

一、实验目的

1. 观察一阶 RC 电路的响应及 R、C 的变化对电路响应的影响；
2. 测定一阶 RC 电路的响应和时间常数 τ；
3. 学习使用示波器。

二、实验原理

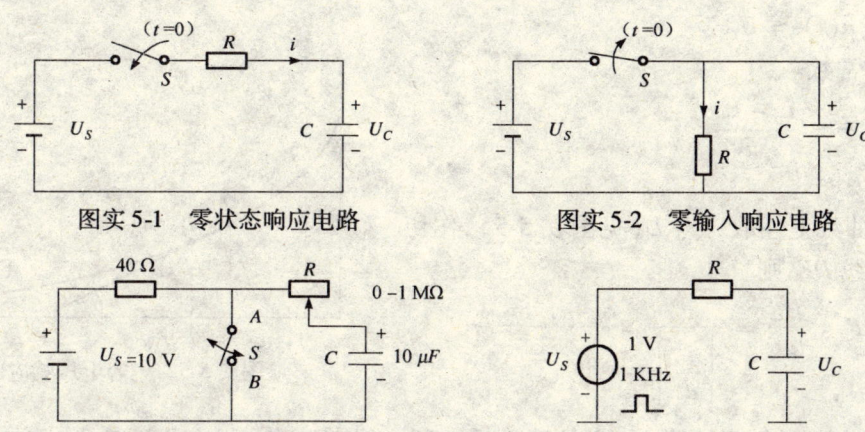

图实 5-1　零状态响应电路　　　　　　图实 5-2　零输入响应电路

图实 5-3　交替出现零状态与零输入响应的电路　　图实 5-4　方波响应测量

U_s 为示波器本身带的方波电源（在荧光屏下方）

图实 5-1 所示电路的零状态响应为

$$u_c = U_S(1 - e^{-\frac{t}{\tau}})$$

$$i = \frac{U_S}{R}e^{-\frac{t}{\tau}}$$

式中，电路的时间常数 $\tau = RC$。

图实 5-2 所示电路的零输入响应

$$u_c = U_S e^{-\frac{t}{\tau}}$$

$$i = \frac{U_S}{R}e^{-\frac{t}{\tau}}$$

式中，电路的时间常数 $\tau = RC$。

图实 5-3 是图实 5-1 与图实 5-2 的综合,当开关 S 断开时,与图实 5-1 相当,u_c 是零状态响应,开关 S 接通时,与图实 5-2 相当,u_c 是零输入响应。如果 S 周期性地接通和关断,u_c 就周期性地出现零状态响应与零输入响应,此时开关 S 的作用相当于一个方波电源,与图实 5-4 相似。

在电路参数,初始条件和激励源都已知的情况下,上述各响应的表达式可直接写出。如果用实验方法测定电路的响应,可以用示波器等记录仪器记录响应曲线。对于时间常数足够大(10s 以上)的电路,可以逐点测出电路在换路后,各给定时刻的电流或电压值,然后画出 $i(t)$ 或 $u(t)$ 的响应曲线,根据所得的响应曲线,求出电路的时间常数 τ,就可以写出响应 $i(t)$ 或 $u(t)$ 的函数式。

以图实 5-5 的 $u(t)$ 曲线为例,根据实验所得响应曲线,确定时间常数 τ 的方法如下:

(1) 在曲线上取两点 $P(t_1, u_1)$ 和 $Q(t_2, u_2)$,由于这两点都满足关系式

$$u(t) = U_s e^{-\frac{t}{\tau}}$$

故可得时间常数

$$\tau = \frac{t_2 - t_1}{ln(\frac{u_2}{u_1})}$$

(2) 在曲线上任取一点 D(见图实 5-5),作切线 DF 及垂线 DE,则

$$EF = \frac{DE}{tg\alpha} = \frac{u}{\left|\frac{du}{dt}\right|} = \frac{u}{u \times \frac{1}{\tau}} = \tau$$

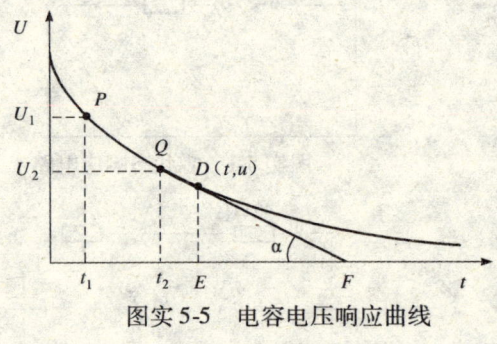

图实 5-5 电容电压响应曲线

对于图实 5-4 所示电路,如果接通方波电压,其响应随 τ 的变化而变化。这时电容电压约与输入电压的积分成比例,此时的 RC 串联电路也称为积分电路。本实验的实验板也称为积分电路实验板。

三、实验内容

1. 按图实 5-6 接线,u_s 为示波器本身带的 1 伏 1KHz 的方波电源,在荧光屏下方,可用一根红、黑双色的输出线引出,正端为红色,负端为黑色(已与示波器外壳相连),将示波器触发选择放在"内"、"自动",扫描速度放在每大格 0.1ms,示波器显示为电容电压的方波响应,改变 R 或 C,可观察到响应的变化。最后将 R 调到 10K,C 调到 $0.01\mu F$ 观察响应曲线并画下波形图。

2. 按图实 5-3 接线,将稳压电源调到 10V,作为 u_s,将示波探头接在电容 C 的两端,将示波器触发选择放在"内"、"自动",扫描速度放在每大格 1s,使 A 点与 B 点接通或断开,示波器即可显示出电容放电或充电时电容电压的波形。

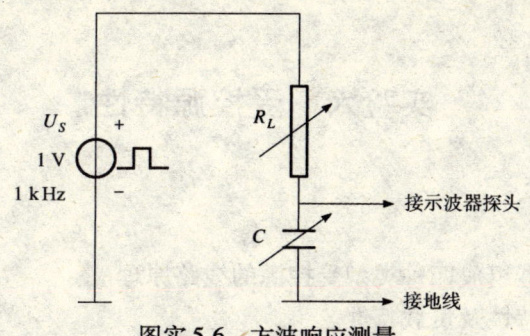

图实 5-6　方波响应测量

四、实验报告内容

1. 由实验内容画出波形图。
2. 由实验所得波形值算时间常数 τ，并与理论计算 $\tau = RC$ 比较。

五、预习要求

1. 复习一阶电路中电流与电压的变化规律与时间常数 的关系。
2. 预习示波器的使用。

六、仪器设备

实验内容	序　号	仪器名称	规格型号	数　量
1、2	1	示波器		1 台
1	2	电工技术实验装置	DGJ-3 型	1 台
2	3	双路直流稳压稳流源	30V 1A	1 台

实验六　受控源特性

一、实验目的

1. 了解用运算放大器组成四种类型受控源的线路原理。
2. 测试受控源转移特性及负载特性。

二、实验原理

所谓受控源，是指其电源的输出电压或电流是受电路另一支路的电压或电流所控制的。当受控源的电压（或电流）与控制支路的电压（或电流）成正比时，则该受控源为线性的。根据控制变量与输出变量的不同可分为四类受控源：即电压控制电压源（VCVS）、电压控制电流源（VCCS）、电流控制电压源（CCVS）、电流控制电流源（CCCS）。电路符号如图实6-1所示。理想受控源的控制支路中只有一个独立变量（电压或电流），另一个变量为零，即从输入口看理想受控源或是短路（即输入电阻 $R_i = 0$，因而 $u_1 = 0$）或是开路（即输入电导 $G_i = 0$，因而输入电流 $i_1 = 0$），从输出口看，理想受控源或是一个理想电压源或是一个理想电流源。

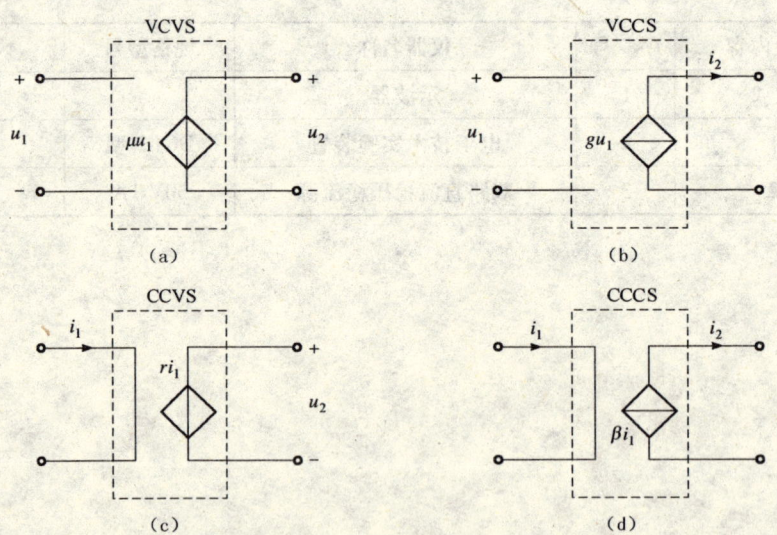

图实6-1　受控源特性

受控源的控制端与受控端的关系称为转移函数，四种受控源转移函数参量的定义如下
（1）电压控电压源（VCVS）

$U_2 = f(U_1)$ $\mu = U_2/U_1$ 称为转移电压比(或电压增益)。
(2) 电压控电流源(VCCS)
$I_2 = f(U_1)$ $g = I_2/U_1$ 称为转移电导
(3) 电流控电压源(CCVS)
$U_2 = f(I_1)$ $r = U_2/I_1$ 称为转移电阻
(4) 电流控电流源(CCCS)
$I_2 = f(I_1)$ $\beta = I_2/I_1$ 称为转移电流比(或电流增益)。

三、实验内容

本次实验中受控源全部采用直流电源激励,对于交流电源或其他电源激励,实验结果是一样的。

1. 测量受控源 VCVS 的转移特性 $u_2 = f(u_1)$ 及负载特性 $u_2 = f(i_L)$

实验线路如图实 6-2。u_1 为可调直流稳压电源,R_L 为可调电阻箱。

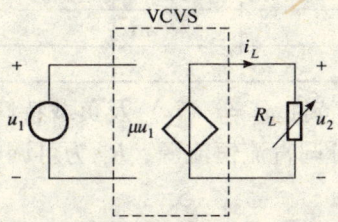

图实 6-2 受控源 VCVS

(1) 固定 $R_L = 2K\Omega$,调节直流稳压电源输出电压 u_1,使其在 $0 \sim 6V$ 范围内取值,测量 u_1 及相应的 u_2 值,绘制 $u_2 = f(u_1)$ 曲线,并由其线性部分求出转移电压比 μ。注意:由于受控源输出功率很小,故 u_1 取值应小一些,R_L 取值应大一些。

u_1 (v)	1	2	3	4	5
u_2 (v)					
μ					

(2) 保持 $u_1 = 2V$,令 R_L 阻值从 $1K\Omega$ 增至 ∞ ,测量 u_2 及 i_L,绘制曲线。

R_L (Ω)	1000	2000	3000	4000	5000	∞
u_2 (v)						
i_L (mA)						

2. 测量受控源 VCCS 的转移特性 $i_L = f(u_1)$ 及负载特性 $i_L = f(u_2)$ 实验线路如图实 6-3。

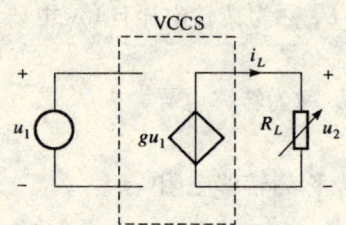

图实 6-3　受控源 VCCS

（1）固定 $R_L = 2\text{k}\Omega$，调节直流稳压电源输出电压 u_1，使其在 $0 \sim 5\text{V}$ 范围内取值。测量 u_1 及相应的 i_L，绘制 $i_L = f(u_1)$ 曲线，并由其线性部分求出转移电导 g。

u_1（V）	1	2	3	4	5
i_L（mA）					
g					

（2）保持 $u_1 = 2\text{V}$，令 R_L 从 0 增至 $5\text{k}\Omega$，测量相应的 i_L 及 u_2，绘制 $i_L = f(u_2)$ 曲线。

R_L（Ω）	1000	2000	3000	4000	5000
i_L（mA）					
u_2（V）					

3. 测量受控源 CCVS 的转移特性 $u_2 = f(i_1)$ 及负载特性 $u_2 = f(i_L)$

实验线路如图实 6-4。i_1 为可调直流恒流源，R_L 为可调电阻箱。

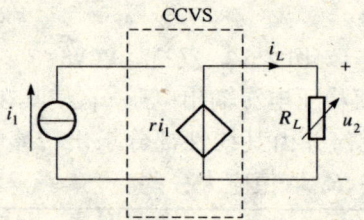

图实 6-4　受控源 *CCVS*

（1）固定 $R_L = 2\text{k}\Omega$，调节直流恒流源输出电流 i_1，使其在 $0 \sim 0.8\text{mA}$ 范围内取值，测量 i_1 及相应的 u_2 值，绘制 $u_2 = f(i_1)$ 曲线，并由其线性部分求出转移电阻 r。

i_1（mA）	0.2	0.3	0.4	0.5	0.6
u_2（V）					
r					

（2）保持 $i_1 = 0.3\text{mA}$，令 R_L 从 $1\text{k}\Omega$ 增至 ∞，测量 u_2 及 i_L 值，绘制负载特性 $u_2 = f(i_L)$ 曲线。

R_L（Ω）	1000	2000	3000	4000	5000	∞
i_L（mA）						
u_2（V）						

4. 测量受控源 CCCS 的转移特性 $i_L = f(i_1)$ 及负载特性 $i_L = f(u_2)$

实验线路如图实 6-5。

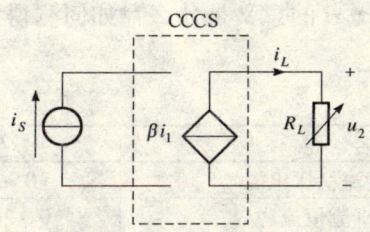

图实 6-5　受控源 CCCS

（1）固定 $R_L = 2\text{k}\Omega$，调节直流恒流源输出电流 i_1，使其在 $0 \sim 0.8\text{mA}$ 范围内取值，测量 i_1 及相应的 i_L 值，绘制 $i_L = f(i_1)$ 曲线，并由其线性部分求出转移电流比 β。

i_1 (mA)	0.2	0.3	0.4	0.5	0.6
i_L (mA)					
β					

（2）保持 $i_S = 0.3\text{mA}$，令 R_L 从 0 增至 $5\text{k}\Omega$，测量 i_L 及 u_2 值，绘制负载特性 $i_L = f(u_2)$ 曲线。

R_L (kΩ)	1	2	3	4	5
i_L (mA)					
u_2 (v)					

四、实验注意事项

1. 实验中，注意运放的输出端不能与地短接，输入电压不得超过 10V。
2. 在用恒流源供电的实验中，不要使恒流源负载开路。
3. 受控源实验线路板上的电源不能接错，尤其注意它的正负极性。换接线路时，应先断开电源开关。

五、实验报告内容

1. 对有关的预习思考题作必要的回答。
2. 根据实验数据，在坐标纸上分别绘出四种受控源的转移特性和负载特性曲线，并求出相应的转移参量。
3. 对实验的结果作出合理地分析和结论，总结对四类受控源的认识和理解。

六、预习思考题

1. 受控源与独立源相比有何异同点？

2. 受控源能否单独作为电路的外加激励源？为什么？
3. 受控源的负载特性和独立电源的负载特性是否相同？
4. 四种受控源中的 μ、g、r、β 的意义是什么？如何测得？

七、实验设备

序 号	名 称	型号与规格	数 量
1	可调直流稳压电源	0～30V	1 台
2	可调直流恒流源	0～200mA	1 台
3	多量程直流电压表	45mV～600V	1 块
4	多量程直流毫安表	7.5mA～30A	1 块
5	可调电阻箱		1 块
6	受控源实验线路板		1 块

八、实验实际线路图

1. 本实验采用 LM324N，其管脚接线如下图所示，其中脚 3 和脚 10 在内部是同一点。本图是用 LM 324N 四运放组成的电压控电压源（8、9、10 运放），电压控电流源（1、2、3 运放）。

2. 自行设计电流控电压源、电流控电流源实验线路图，并做出实验内容中 3、4 的数据和绘图。

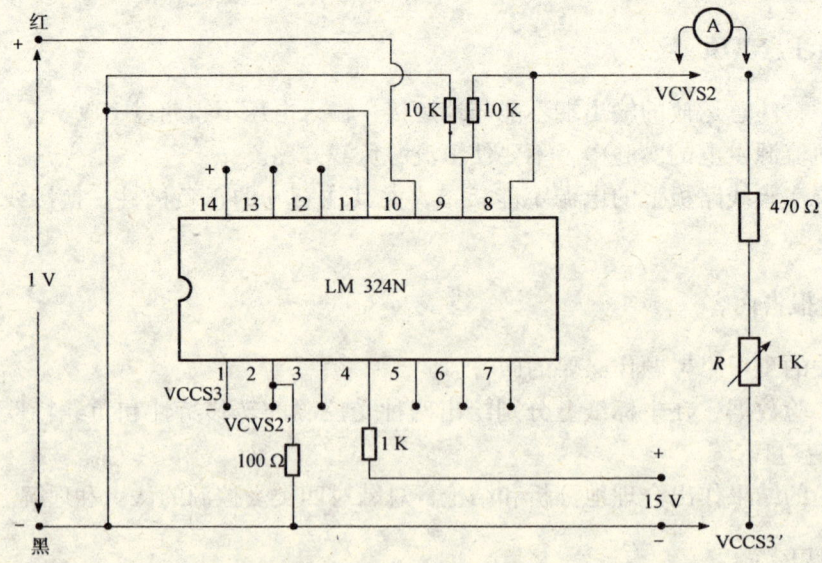

实验七 交流参数测定

一、实验目的

1. 学习用交流电流表、交流电压表和功率表测定交流电路元件等值参数的方法;
2. 掌握调压器和功率表的正确使用方法。

二、实验原理

1. 交流电路元件的电路参数 R、L、C,可用交流电桥直接测量,也可用交流电流表、交流电压表和功率表按图实 7-1 所示电路测量出 I、U、P 后,再通过计算获得。

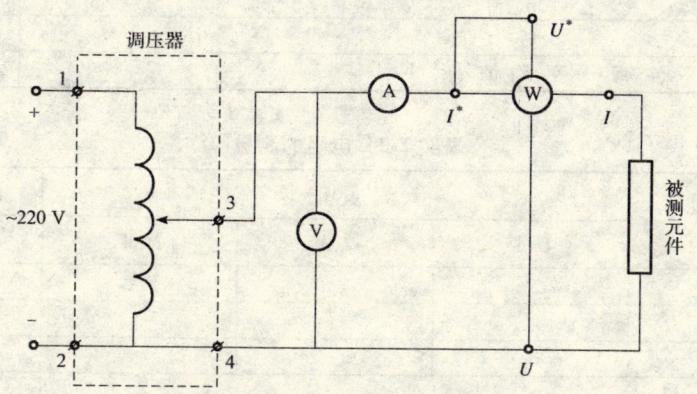

图实 7-1 测量交流参数线路图

如果被测元件是一个电感线圈,则由关系式 $|Z| = \dfrac{U}{I}$ 和 计算 $\cos\varphi = \dfrac{P}{UI}$ 出等值参数为

$$R = |Z|\cos\varphi \qquad L = \frac{X_L}{\omega} = \frac{|Z|\sin\varphi}{\omega}$$

同理,如果被测元件是一个电容器,则其等值参数为

$$R = |Z|\cos\varphi \qquad C = \frac{1}{\omega X_C} = \frac{1}{\omega|Z|\sin\varphi}$$

2. 假如被测对象不是一个元件,而是一个无源一端口网络,虽然可以从测得的 I、U、P 三个量中计算出网络的等值参数

$$R = |Z|\cos\varphi \qquad X = |Z|\sin\varphi$$

但不能判断出 X 是等值的容抗,还是等值的感抗,也就是说,无法确定无源一端口网络的阻抗角是正还是负。

用功率因数表可以直接读出阻抗角 φ 的正负和功率因数的 $\cos\varphi$ 的大小。如果没有功率因数表，则可以在无源一端口网络处并联一个试验小电容，只要试验小电容的电容量满足 $C_0 < \dfrac{2\sin\varphi}{\omega|Z|}$ 条件，则无源一端口网络的端口电流增加时，网络为容性，反之为感性。

三、实验内容

分立元件参数测定。按图实 7-1 接线，分别测定滑线电阻、电感线圈和电容的等值参数。每个元件测三次，求其平均值。将测试所得数据填入表实 7-1、表实 7-2、表实 7-3。

表实 7-1　电感线圈的测量

数据次序	测量记录			计算结果	
	U/V	I/A	P/W	R/Ω	L_1/H
1					
2					
3					
平均值					

表实 7-2　电阻的测量

数据次序	测量记录			计算结果
	U/V	I/A	P/W	R/Ω
1				
2				
3				
平均值				

表实 7-3　电容的测量

数据次序	测量记录			计算结果	
	U/V	I/A	P/W	R/Ω	$C/\mu F$
1					
2					
3					
平均值					

四、实验报告内容

根据测试数据，计算各元件的等值参数。

五、预习要求

复习有关交流参数的测量方法。

六、仪器设备

序 号	仪器名称	型 号	数 量
1	多量程交流电流表	2.5~5A	1块
2	多量程交流电压表	75/150/300/600V	1块
3	电容箱	0~110μF	1个
4	电感线圈	0.3H	1个
5	40Ω滑线电阻	3A 40Ω	1个
6	调压器	110~220/0~250V 1kVA	1个
7	功率表	2.5~5A 75/150/300/600V	1块

实验八 三相电路
——负载星形连接的三相电路

一、实验目的

1. 验证负载星形连接时相电压和线电压的$\sqrt{3}$关系；
2. 加深对中线作用的理解；
3. 研究一相负载的电压变化时，负载中性点电位位移的规律。

二、实验原理

1. 当负载为星形连接时（图实 8-1），在各种情况下，线电流恒等于相电流，而线电压与相电压之间有以下几种情况：

（1）当负载对称时，不论有无中线，电源线电压为顺相序时，相位比相电压超前$\angle 30^0$，而有效值：

$$U_{线} = \sqrt{3} U_{相}$$

（2）负载不对称且又无中线时

$$\dot{U}_{AB} = \dot{U}_{AN'} - \dot{U}_{BN'}$$
$$\dot{U}_{BC} = \dot{U}_{BN'} - \dot{U}_{CN'}$$
$$\dot{U}_{CA} = \dot{U}_{CN'} - \dot{U}_{AN'}$$

中线电压（电源中性点 N 与负载中性点 N'间的电压）

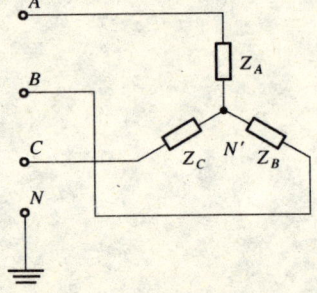

图实 8-1 负载星形连接

$$\dot{U}_{NN'} = \frac{\dfrac{\dot{U}_{AN}}{Z_A} + \dfrac{\dot{U}_{BN}}{Z_B} + \dfrac{\dot{U}_{CN}}{Z_C}}{\dfrac{1}{Z_A} + \dfrac{1}{Z_B} + \dfrac{1}{Z_C}}$$

（3）当有中线时（无论负载对称或不对称）线电压与相电压间的关系与负载对称时一样。

三、实验内容

1. 按图实 8-2 接线，负载对称且无中线，测量各相电压、线电压以及中性点间的电压（N 与 N'间的电压），将数据填入表实 8-1 中。

2. 断开 A 相负载（三组灯都关掉），重复内容 1 的测量，结果填入表实 8-1。
3. 连上中线（即将 N 与 N'连接），重复内容 1 和 2 的测量，结果填入表实 8-1 中。

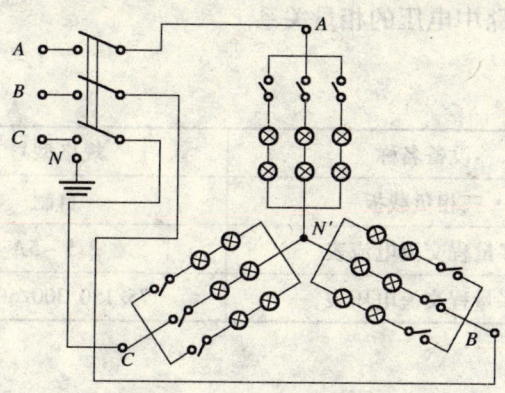

图实 8-2　三相负载接成星形

四、实验报告内容

1. 由实验内容 1 的数据验证相电压、线电压的 $\sqrt{3}$ 关系，并作相量图。
2. 由实验内容 3 所得数据验证相电压、线电压的 $\sqrt{3}$ 关系，作相量图。
3. 在负载不对称星形三相电路中，为什么采用三相四线制？中线起什么作用？

表实 8-1　星形接法电压测量数据

		相电压			线电压			中性点
		U_A	U_B	U_C	U_{AB}	U_{BC}	U_{CA}	$U_{NN'}$
无中线	负载对称							
	断开 A 相							
有中线	负载对称							
	断开 A 相							

五、实验注意事项

1. 本实验采用三相交流市电，线压为 380V，应穿绝缘鞋进入实验室。实验时要注意人身安全，不可触及导电部件，防止意外事故发生。
2. 每次接线完毕，同组同学应自查一遍，然后由指导教师检查后，方可接通电源。必须严格遵守先接线后通电，先断电后拆线的实验操作原则。

六、预习要求

复习三相星形连接电路中电压的相量关系。

七、仪器设备

序 号	设备名称	规格型号	数 量
1	三相负载板	自制	1个
2	多量程交流电流表	2.5~5A	1块
3	多量程交流电压表	75/150/300/600 V	1块

实验九 互感电路的测量

一、实验目的

1. 掌握测量互感的方法。
2. 培养独立设计实验的能力。

二、实验原理

1. 判断互感线圈同名端的方法

（1）直流法

如图实 9-1 所示，当开关 S 闭合瞬间，若毫安表的指针正偏，则可断定"1"、"3"为同名端；指针反偏，则"1"、"4"为同名端。

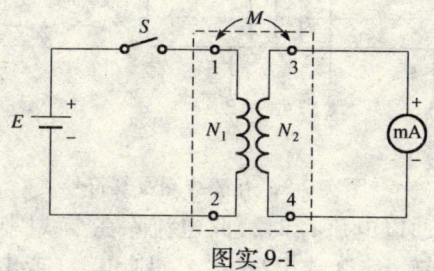

图实 9-1

（2）交流法

如图实 9-2 所示，将两个线圈 N_1 和 N_2 的任意两端（如 2、4 端）联在一起，在其中的一个线圈（如 N_1）两端加一个低压交流电压，另一线圈开路（如 N_2），用交流电压表分别测出端电压 U_{13}、U_{12} 和 U_{34}。若 U_{13} 是两个绕组端压之差，则 1、3 是同名端；若 U_{13} 是两个绕组端压之和，则 1、3 是同名端。

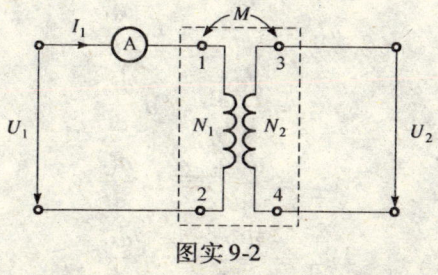

图实 9-2

2. 两线圈互感系数 M 的测定

如图实 9-2，在 N_1 侧施加低压交流电压 U_1，U_2 侧开路，测出 I_1 及 U_2，根据互感电势 $E_{2M} \approx U_{2O} = \omega M I_1$，可算得互感系数为

$$M = \frac{U_2}{\omega I_1}$$

3. 耦合系数 k 的测定

两个线圈如图实 9-3（a）所示，当在 1-1′ 线圈中通以电流 i_1 时，此电流除在本线圈中产生磁链 Φ_{11}（或电压 u_{11}）外，还在 2-2′ 线圈中产生磁链 Φ_{21}（或电压 u_{21}），则 Φ_{21} 的量值与 i_1 的大小有关，又与次级线圈的匝数、两线圈的相对位置有关，将 Φ_{21} 与 i_1 的比称为互感，用 M_{21} 表示，即

$$\Phi_{21} = M_{21} i_1 \tag{9-1}$$

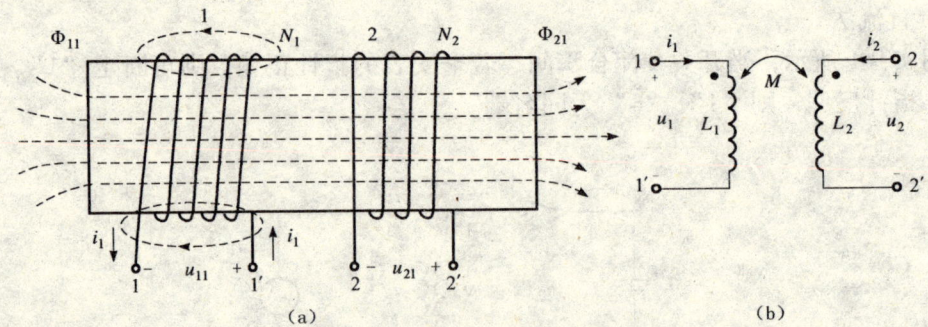

图实 9-3 互感线圈及其符号

同理，当在 2-2′ 线圈中通以电流 i_2 时，此电流除在本线圈中产生磁链 Φ_{22}（或电压 u_{22}）外，还在 1-1′ 线圈中产生磁链 Φ_{12}（或电压 u_{12}），则 Φ_{12}（或电压 $u12$）的量值与 i_2 的大小有关，又与次级线圈的匝数、两线圈的相对位置有关，将 Φ_{12} 与 i_2 的比值称为互感，用 M_{12} 表示，即

$$\Phi_{12} = M_{12} i_{21}$$

且
$$M_{12} = M_{21} = M \tag{9-2}$$

设电压与电流的参考方向为无关联参考方向，则（不计线圈电阻时）电压为

$$u_{11} = \frac{d\Phi_{11}}{dt} = L_1 \frac{di_1}{dt}$$

$$u_{12} = \frac{d\Phi_{12}}{dt} = M \frac{di_2}{dt}$$

$$u_{22} = \frac{d\Phi_{22}}{dt} = L_2 \frac{di_2}{dt}$$

$$u_{21} = \frac{d\Phi_{21}}{dt} = M \frac{di_1}{dt}$$

当两线圈均有电流流过时，则线圈1-1′与2-2′中总磁通为

$$\Phi_1 + \Phi_{11} + \Phi_{12}, \quad \Phi_2 = \Phi_{21} + \Phi_{22}$$

线圈端电压（不计线圈电阻）为

$$u_1 = \frac{d\Phi_1}{dt} = L_1 \frac{di_1}{dt} \pm M \frac{di_2}{dt}$$

$$u_2 = \frac{d\Phi_2}{dt} = \pm M \frac{di_1}{dt} - L_2 \frac{di_2}{dt}$$

表达式中的"±"取决于线圈的同名端和电流的流向，当电流从同名端流进时如图实9-3（b）所示，取"+"号；反之电流从异名端流进时，取"-"号。

当互感线圈接成图实9-4（a）的形式，且 $R_1 = R_2 = 0$ 时，端口电压为

$$u = u_1 + u_2 = L_1 \frac{di_1}{dt} + M \frac{di_2}{dt} + M \frac{di_1}{dt} + L_2 \frac{di_2}{dt} = (L_1 + L_2 + 2M) \frac{di}{dt} \quad (9\text{-}3)$$

当互感线圈接成图实9-4（b）的形式 $R_1 = R_2 = 0$ 时，则端

$$u = u_1 + u_2$$

$$= L_1 \frac{di_1}{dt} - M \frac{di_2}{dt} - M \frac{di_1}{dt} + L_2 \frac{di_2}{dt}$$

$$= (L_1 + L_2 - 2M) \frac{di}{dt} \quad (9\text{-}4)$$

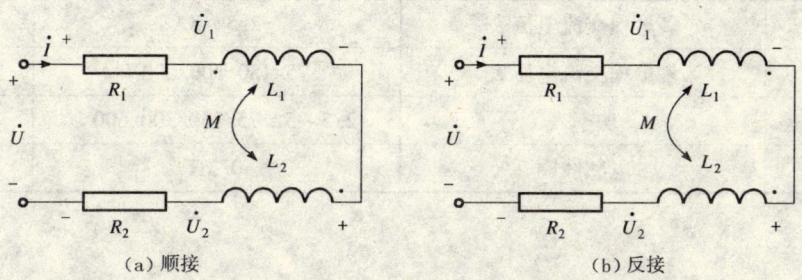

（a）顺接　　　　　　　　　　　　（b）反接

图实9-4　互感线圈

当图实9-4端口加正弦交流电源时，则式（9-3）的形式变为

$$U(j\omega) = j\omega(L_1 + L_2 + 2M)I(j\omega) = j\omega L' I(j\omega)$$

$$L' = \frac{|U(j\omega)|}{\omega |I(j\omega)|} = L_1 + L_2 + 2M \quad (9\text{-}5)$$

式（9-4）变为

$$U(j\omega) = j\omega(L_1 + L_2 - 2M)I(j\omega) = j\omega L'' I(j\omega)$$

$$L'' = \frac{|U(j\omega)|}{\omega |I(j\omega)|} = L_1 + L_2 - 2M \quad (9\text{-}6)$$

将式（9-3）与式（9-4）相加，则有

$$L' - L'' = 4M$$
$$M = (L' - L'')/4 \tag{9-7}$$

互感线圈的耦合系数为

$$k = \frac{M}{\sqrt{L_1 L_2}}$$

三、实验内容

设计一电路，测量两线圈间互感系数 M 和耦合系数 K，并判断同名端。实验开始前交老师审阅，设计电路与实验方法得到老师肯定后方可接线，设计时要考虑线圈电阻的影响。

四、实验报告内容

写出实验方法，画出测试电路，列出数据表格，计算互感系数 M 和耦合系数 K，标出同名端。

五、仪器设备

序 号	仪器名称	型号规格	数 量
1	单向调压器	110～220/0～250 1kVA	1 台
2	多量程交流电流表	2.5～5A	1 块
3	多量程交流电压表	75/150/300/600V	1 块
4	功率表	2.5～5A 75/150/300/600V	1 块
5	电感线圈	0.3H	1 个

实验十　功率因数的提高

一、实验目的

1. 加深对功率因数概念的理解；
2. 学习提高感性负载功率因数的方法；
3. 掌握功率表的正确使用方法；
4. 学习功率因数表（即相位表）的使用方法。

二、实验原理

对于一个无源一端口网络，如图实 10-1 所示，其吸收的有功功率为

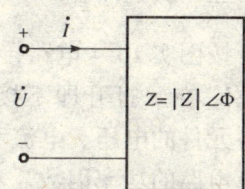

图实 10-1　一端口网络

$$P = UI\cos\varphi$$

其中，$\cos\varphi$ 为功率因数，功率因数的大小决定于电压和电流之间的相位差，即一端口网络的等效复阻抗的幅角 φ。

在工业及日常生活中所用电工产品和电子元器件大部分都是感性负载，例如工矿企业中驱动机械的电动机，家庭生活中使用的荧光灯、电风扇、洗衣机等，都是感性负载，其等效电路如图实 10-2 所示（负载等效阻抗：$Z_L = R + j\omega L = |Z|\angle\varphi_1$，$0 < \varphi_1 < 90°$）。要提高负载的功率因数，可以用并联电容器的方法，使流过电容器电流的无功分量 $\dot{I}_2$ 与感性负载中的无功电流分量 $\dot{I}_1''$（$I_1\sin\varphi_1$）互相补偿，以减小电流中总电流的无功分量，使电压 $\dot{U}$ 和电流 $\dot{I}$ 之间的相位差 φ 变小。端口电压 $\dot{U}$ 和电流 $\dot{I}$ 之间的相量图如图实 10-3 所示。其中，流过电容器电流的无功分量 $\dot{I}_2$、流过感性负载中的无功电流分量 $\dot{I}_1''$、$\dot{I}$、$\dot{I}_1$ 之间的关系为

$$\begin{aligned}\dot{I} &= \dot{I}_1 + \dot{I}_2 = I_1\cos\varphi_1 - jI_1\sin\varphi_1 + jI_2 \\ &= I_1\cos\varphi_1 - j(I_1\sin\varphi_1 - I_2) = \dot{I}' + \dot{I}'' \\ &= I\angle\varphi\end{aligned}$$

由图可以看出 $I'' < I_1''$，$\varphi < \varphi_1$，$\cos\varphi < \cos\varphi_1$ 即达到提高功率因数的目的。

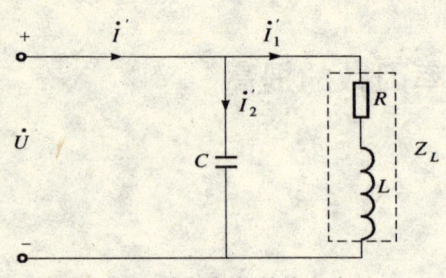

图实 10-2　感性负载并接电容

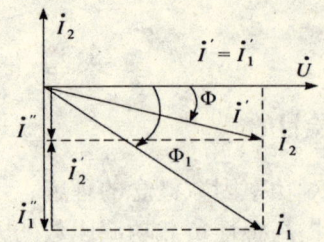

图实 10-3　相量图示功率因数提高

三、实验内容

按图实 10-4 电路接线

1. 在 S 打开即不接入电容 C 的情况下，测各元件的电压、电流和功率填入表实 10-1，计算电路的功率因数。

2. 当 S 闭合接入电容，C 从小到大逐步增加，记下相应的各元件的电压、电流和功率，填入表实 10-1，并计算功率因数的变化。

3. 使用功率因数表测量图实 10-4 端口上功率因数或功率因数角。

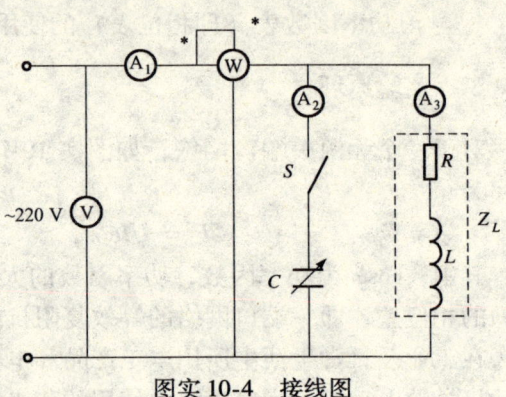

图实 10-4　接线图

表实 10-1　实验数据记录

图实 10-4		电容值	A_1	A_2	A_3	V	P	$\cos\varphi$	φ 测得
S 打开									
S 闭合	1								
	2								
	3								
	4								
	5								

四、实验报告内容

1. 根据实验填写数据表实 10-1。
2. 绘出 $\cos\varphi = f(c)$ 曲线。
3. 简述在感性负载端加电容能提高功率因数的原理。

五、预习要求

1. 功率因数的概念。
2. 提高功率因数的方法。
3. 预习功率因数表的使用方法。

六、仪器设备

序 号	仪器名称	型号规格	数 量
1	电工技术实验装置	DGJ-3 型	1 台
2	多量程交流电流表	2.5~5A	1 块
3	多量程交流电压表	75/150/300/600V	1 块
4	功率表	2.5~5A 75/150/300/600V	1 块

对电作出突出贡献的科学家

本杰明·富兰克林

中文名	本杰明·富兰克林	职业：	科学家，音乐家，政治家
外文名	Benjamin·Franklin	信仰：	清教主义
国籍：	美国	主要成就：	吸引雷电的风筝实验了解
出生地：	波士顿		放电现象
出生日期：	公元 1706 年 1 月 17 日		台与起草《独立宣言》
逝世日期：	公元 1970 年 4 月 17 日	代表作品：	《穷理查年鉴》

人物简介

他是美国历史上第一位享有国际声誉的科学家、发明家和音乐家。为了对电进行探索曾经作过著名的"风筝实验"；在电学上成就显著，为了深入探讨电运动的规律，创造的许多专用名词如正电、负电、导电体、电池、充电、放电等成为世界通用的词汇。他借用了数学上正负的概念，第一个科学地用正电、负电概念表示电荷性质。并提出了电荷不能创生、也不能消灭的思想，后人在此基础上发现了电荷守恒定律。他最先提出了避雷针的设想，由此而制造的避雷针，避免了雷击灾难，破除了迷信。

富兰克林电学著作和论文有：《电的实验与观测》、《对于导电物质的性质与效应的见解和推测》、《在美国费城所进行的关于电的实验与观测》、《论闪电与静电的同一性》等。

人物名言

懒惰行动得如此缓慢,贫穷很快就能超过它
　　　　　　　　　　——富兰克林

没有任何动物比蚂蚁更勤奋,然而它却最沉默寡言
　　　　　　　　　　——富兰克林

勤奋是好运之母
　　　　　　　　　　——富兰克林

富兰克林在捕捉雷电

乔治·西蒙·欧姆

中文名:	乔治·西蒙·欧姆	毕业院校:	埃尔兰根大学
外文名:	Georg Simon Ohm	信仰:	科学
国籍:	德国	主要成就:	发现欧姆定律
民族:	德意志	代表作品:	《金属导电定律的测定》、《动力电路的数学研究》
出生地:	德国巴伐利亚埃尔兰根城		
出生日期:	1787年5月16日	最终职称:	慕尼黑大学物理教授
逝世日期:	1854年7月7日	获奖情况:	英国皇家学会科普利奖章
职业:	物理学家	荣誉称号:	巴伐利亚科学院院士

人物简介

乔治·西蒙·欧姆(Georg Simon Ohm,1787~1854)生于巴伐利亚埃尔兰根城。欧姆的父亲是一个技术熟练的锁匠,对哲学和数学都十分爱好。欧姆从小就在父亲的教育下学习数学并受到有关机械技能的训练,这对他后来进行研究工作特别是自制仪器有很大的帮助。欧姆的研究,主要是在1817~1827年担任中学物理教师期间进行的!

1800年在中学接受过古典式教育。1803年考入埃尔兰根大学,未毕业就在一所中学教书。1811年欧姆又回到埃尔兰根完成了大学学业,并通过考试于1813年获得哲学博士学位。1817年,他的《几何学教科书》一书出版。同年应聘在科隆大学预科教授物理学和数

学。在该校设备良好的实验室里,作了大量实验研究,完成了一系列重要发明。他最主要的贡献是通过实验发现了电流公式,后来被称为欧姆定律。1826年,他把这些研究成果写成题目为《金属导电定律的测定》的论文,发表在德国《化学和物理学杂志》上。欧姆在1827年出版的《动力电路的数学研究》一书中,从理论上推导了欧姆定律。此外他对声学也有贡献。1833年,他前往纽伦堡理工学院任物理学教授。1841年,欧姆获英国伦敦皇家学会的柯希利奖章,第二年当选为该学会的国外会员。1852年,他被任命为慕尼黑大学教授。为了纪念他,人们把电阻的单位命名为欧姆。其定义是:在电路中两点间,当通过1安培稳恒电流时,如果这两点间的电压为1伏特,那么这两点间导体的电阻便定义为1欧姆。

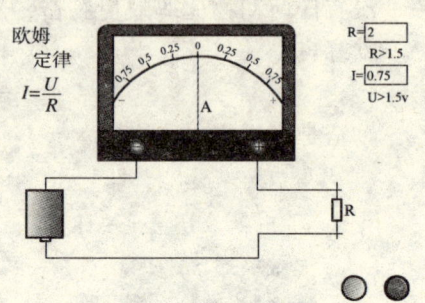

迈克尔·法拉第

中文名:	迈克尔·法拉第	逝世日期:	1867年8月25日
外文名:	Michael Faraday	职业:	科学家
国籍:	英国	毕业院校:	
出生地:	萨里郡纽因顿	主要成就:	发现了电磁感应、抗磁性及电解
出生日期:	1791年9月22日		

人物简介

迈克尔·法拉第(Michael Faraday,1791~1867),英国著名物理学家、化学家。在化学、电化学、电磁学等领域都做出过杰出贡献。1791年9月22日出生在萨里郡纽因顿的一个铁匠家庭。他家境贫寒,未受过系统的正规教育,13岁就在一家书店当送报和装订书籍的学徒。他有强烈的求知欲,挤出一切休息时间"贪婪"地力图把他装订的一切书籍内容都从头读一遍。读后还临摹插图,工工整整地作读书笔记;用一些简单器皿照着书上进行实验,仔细观察和分析实验结果,把自己的阁楼变成了小实验室。在这家书店待了8年。

1831年3月,24岁的法拉第经过戴维的推荐担任了皇家学院助理实验员,1833年任皇家学院化学教授。1845年,英国科学家法拉第(M. Faraday,1791-1867),在探索电磁现象和光学现象之间的联系时,发现:当一束平面偏振光穿过介质时,如果在介质中沿光的传播方向加上一个磁场,就会观察到光经过样品后光的振动面转过一个角度,也就是磁场使介质具有了旋光性,这种现象后来就称为法拉第效应。

他最出色的工作是电磁感应的发现和场的概念的提出。1821年在读过奥斯特关于电流磁效应的论文后,为这一新的学科领域深深吸引。他刚刚迈入这个领域,就取得重大成果——发现通电流的导线能绕磁铁旋转,从而跻身著名电学家的行列。因受苏格兰传统科学研究方法影响,通过奥斯特实验,他认为电与磁是一对和谐的对称现象。既然电能生磁,他坚信磁亦能生电。经过10年探索,历经多次失败后,1831年8月26日终于获得成功。这次实验因为是用伏打电池在给一组线圈通电(或断电)的瞬间,在另一组线圈获得的感生电流,他称之为"伏打电感应"。尔后,同年10月17日完成了在磁体与闭合线圈相对运动时在闭合线圈中激发电流的实验,他称之为"磁电感应"。经过大量实验后,他终于实现了"磁生电"的夙愿,宣告了电气时代的到来。

法拉第环

人物名言

希望你们年轻的一代,也能像蜡烛为人照明那样,有一分热,发一分光,忠诚而脚踏实地地为人类伟大的事业贡献自己

——迈克尔·法拉第

古斯塔夫·罗伯特·基尔霍夫

中文名:	古斯塔夫·罗后特·基尔霍夫	职业:	物理学家
外文名:	Kirchhoff,Gustav Robert	毕业院校:	柯尼斯堡大学
国籍:	德国	主要成主:	基尔霍夫第一电路定律和基尔霍夫第二电路定律
出生地:	俄罗斯加里宁格勒		
出生日期:	1824年3月12日	代表作品:	《数学物理学讲义》4卷
逝世日期:	1887年10月17日		

人物简介

基尔霍夫（Kirchhoff, Gustav Robert，1824~1887），德国物理学家。1824 年 3 月 12 日生于普鲁士的柯尼斯堡（今为俄罗斯加里宁格勒），1887 年 10 月 17 日卒于柏林。基尔霍夫在柯尼斯堡大学读物理，1847 年毕业后去柏林大学任教，3 年后去布雷斯劳作临时教授。1854 年由 R. W. E. 本生 推荐任海德堡大学教授。1875 年因健康不佳不能做实验，到柏林大学作理论物理教授，直到逝世。

电路设计方面的研究成就：1845 年，21 岁时他发表了第一篇论文，提出了稳恒电路网络中电流、电压、电阻关系的两条电路定律，即著名的基尔霍夫第一电路定律和基尔霍夫第二电路定律，解决了电器设计中电路方面的难题。后来又研究了电路中电的流动和分布，从而阐明了电路中两点间的电势差和静电学的电势这两个物理量在量纲和单位上的一致。使基尔霍夫电路定律具有更广泛的意义。直到现在，基尔霍夫电路定律仍旧是解决复杂电路问题的重要工具。基尔霍夫被称为"电路求解大师"。

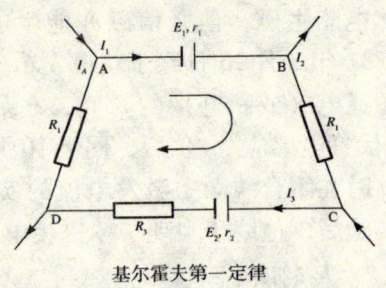

基尔霍夫第一定律

科学家的故事

德国物理学家基尔霍夫有一次举行讲座时指出，从太阳光谱上看到的黑线证明太阳上有金子存在。一位前来听讲座的银行家讥笑基尔霍夫说："如果不能从太阳上得到它，那这样的金子有何用处！"后来基尔霍夫，因光谱分析方面的发现荣获了金质奖章，他把奖章给那位银行家看，并说："你瞧，我终于从太阳上得到了金子。"

附录　对电作出突出贡献的科学家

詹姆斯·克拉克·麦克斯韦

中文名：	詹姆斯·克拉·克麦斯韦	毕业院校：	剑桥大学三一学院
外文名：	James Clerk maxwell	主要成就：	建立麦克斯韦方程组
国籍：	英国		创立统计物理学
出生地：	苏格兰爱丁堡		系统、完善地阐述了经典电磁理论
出生日期：	1831年11月13日		
逝世日期：	1879年11月5日		建立卡文迪什实验室
职业：	物理学家	代表作品	电磁学通论、论法拉第的力线、论物理的力线、电磁场的动力学理伩

人物简介：

詹姆斯·克拉克·麦克斯韦是继法拉第之后集电磁学大成的伟大科学家。1831年11月13日生于苏格兰的爱丁堡，自幼聪颖，父亲是个知识渊博的律师，使麦克斯韦从小受到良好的教育。10岁时进入爱丁堡中学学习，14岁就在爱丁堡皇家学会会刊上发表了一篇关于二次曲线作图问题的论文，已显露出出众的才华。1847年进入爱丁堡大学学习数学和物理。1850年转入剑桥大学三一学院数学系学习，1854年以第二名的成绩获史密斯奖学金，毕业留校任职两年。1856年在苏格兰阿伯丁的马里沙耳任自然哲学教授。1860年到伦敦国王学院任自然哲学和天文学教授。1861年选为伦敦皇家学会会员。1865年春辞去教职回到家乡系统地总结他的关于电磁学的研究成果，完成了电磁场理论的经典巨著《论电和磁》，并于1873年出版，1871年受聘为剑桥大学新设立的卡文迪什试验物理学教授，负责筹建著名的卡文迪什实验室，1874年建成后担任这个实验室的第一任主任，直到1879年11月5日在剑桥逝世。

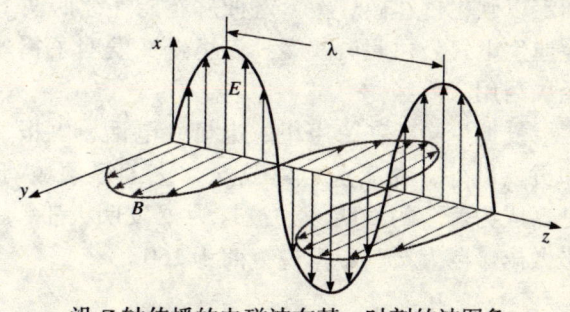

沿Z轴传播的电磁波在某一时刻的波图象

人物名言

学会接受和肯定自我,你就能冲破自卑的束缚。走出自卑天高地阔,请你勇敢地大胆往前走吧!

——詹姆斯·克拉克·麦克斯韦

托马斯·阿尔瓦·爱迪生

中文名:	托马斯·阿尔瓦·爱迪生	逝世日期:	1931年10月18日
外文名:	Thomas Alva Edison	职业:	发明家
国籍:	美国	毕业院校:	只上过三个月小学
出生地:	美国俄亥俄州米兰镇	主要成就:	发明电灯、留声机,改良电话机等
出生日期:	1847年2月11日		

人物简介

爱迪生(1847.2.11~1931.10.18),美国人,他家境贫寒,只读了三个月的小学就失学了。但他勤于自学,善于思考,对科学实验如痴如醉。他一生中取得1093项发明专利权,其中著名的有留声机、电灯、电影摄影机、碱性蓄电池等。1879年10月21日,他用碳化的卷绕棉线作为灯丝,成功制作出世界上第一个电灯泡。他花了近3天时间把灯丝装进真空玻璃泡,通上电源,发出相当于10盏煤气灯的温柔光芒,延续了约40个小时。他试验过从世界各地找来的1600种耐热材料、6000种植物纤维。他确定以碳化竹丝做灯丝。这种灯丝能连续照明1200小时。1908年,爱迪生电气公司职员威廉·克里奇又发明了钨丝灯丝,最终使灯丝经久耐用。

爱迪生除了在留声机、电灯、电话、电报、电影等方面的发明和贡献以外,在矿业、建筑业、化工等领域有不少创造和真知灼见,成为著名的发明家,被誉为"发明大王",为人类的文明和进步做出了巨大贡献,据说智商为160。

爱迪生发明的电灯

个人名言

天才就是 2% 的灵感加上 98% 的汗水。

——爱迪生

惊奇就是科学的种子。

——爱迪生

一个人年轻的时候,不会思索,他将一事无成。

——爱迪生

阿尔伯特·爱因斯坦

中文名:	阿尔伯特·爱因斯坦	职业:	物理学家,哲学家
外文名:	Albert Einstein	毕业院校:	苏黎世联邦理工学院
国籍:	美国,瑞士	主要成就:	提出相对论及质能方程
民族:	犹太族		解释光电效应
出生地:	德国乌尔姆市		推动量子力学的发展
出生日期:	1879 年 3 月 14 日	代表作品	《论动体的电动力学》《广义相对论》
逝世日期:	1955 年 4 月 18 日		

人物简介

爱因斯坦 1900 年毕业于苏黎世联邦理工学院,入瑞士国籍。1905 年获苏黎世大学哲学博士学位,同年 3 月,发表量子论,提出光量子假说,解决了光电效应问题。4 月向苏黎世大学提出论文《分子大小的新测定法》,取得博士学位。5 月完成论文《论动体的电动力学》,独立而完整地提出狭义相对性原理。曾在伯尔尼专利局任职,在苏黎世工业大学、布拉格德意志担任大学教授。1913 年返德国,任柏林威廉皇帝物理研究所所长和柏林洪堡大学教授,并当选为普鲁士科学院院士。1915 年 11 月,提出广义相对论引力方程的完整形式,并且成功地解释了水星近日点运动。1921 年获得诺贝尔物理学奖(因为发现了光电效应定律)。1933 年因受纳粹政权迫害,迁居美国,任普林斯顿高级研究所教授,从事理论物理研究。1940 年入美国国籍。有一句熟悉的格言是"任何事都是相对的"。但爱因斯坦的理论不是这一哲学式陈词滥调的重复,而更是一种精确的用数学表述的方法。此方法中,科学的度量是相对的。显而易见，对于时间和空间的主观感受依赖于观测者本身。

2009年10月4日，诺贝尔基金会评选"1921年物理学奖得主爱因斯坦"为诺贝尔奖百余年历史上最受尊崇的3位获奖者之一（其他两位是1964年和平奖得主马丁路德金、1979年和平奖得主德兰修女）。

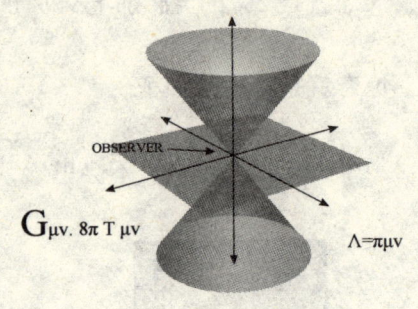

个人名言

凡在小事上对真理持轻率态度的人，在大事上也是不足信的。

——阿尔伯特·爱因斯坦

我没有什么特别的才能，不过喜欢寻根刨底地追究问题罢了。

——阿尔伯特·爱因斯坦

参 考 文 献

[1] 马鑫金. 电工仪表与电路实验技术［M］. 北京：机械工业出版社，2007.
[2] 智强，李淑珍. 电工测量与实验［M］. 北京：化学工业出版社，2004.
[3] 电工基础实验教材编写组. 电工基础实验［M］. 北京：中国档案出版社，2005.
[4] ［美］Robert T. Paynter，B. J. Toby Boydell［著］，姚建红，张秀艳［译］. 电子技术［M］. 北京：科学出版社，2007.
[5] ［日］松原洋平［著］. 庞馨萍，田志坤［译］. 图说电气知识与应用［M］. 北京：科学出版社，2003.